令人腦洞大開的藝術思考法

ハウ・トゥ アート・シンキング
閉塞感を打ち破る
自分起点の思考法

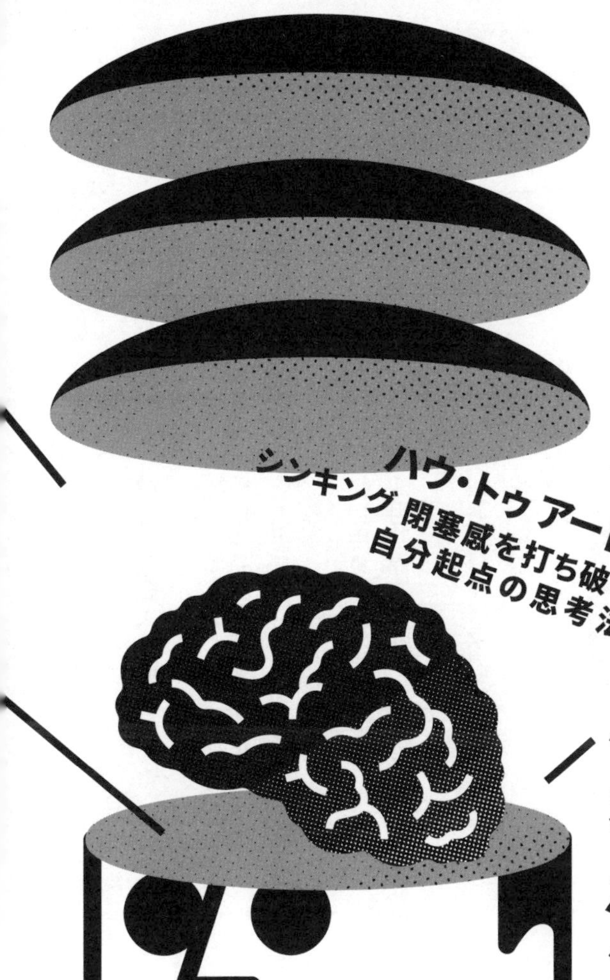

若宮和男——著

湯雅鈞——譯

How to
Art thinking

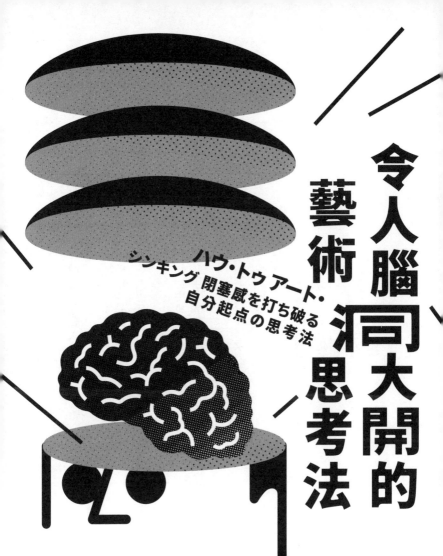

目次

前言　改變人生的契機

每天被主管要求交出新點子，卻一直難以有所突破；想要挑戰新事物，卻又不知道自己想做什麼；而通勤公車上，總擠滿了背負著壓力與困惑，進而感到憤恨不平的人們。

這個時代被稱為「個體時代」。

每個人都可以挑戰自己想做的事情，可以盡情表現自己，聽起來似乎很不錯，但實際上，卻沒有幾個人能真心投入想做的事。現代人常說「人生再設計」、「活出自我」，卻沒什麼明確的夢想與興趣，像這樣的人應該比比皆是吧。在「人生一〇〇年時代」，終生僱用制消失了，年金制度漸漸邁向破產。還有人說，老年生活要有保障的話，至少得備妥二千萬日幣的存款。我們對社會的信賴與安全感突然消失，終日惶惶不安。社福制度崩潰，「個體時代」不過是個標語，只是為了將收拾殘局的責任轉嫁到個人身上。

工作毫無前景，人口再過三十年就會減半，GDP開始下降，日本市場邁入衰退期。在大環境影響下，成長必然趨緩，但上司仍要求部屬提振業績，於是許多公司爆出了做假帳的醜聞。為了打破這個困境，許多企業開始發展新事業。上司要求員工提出前所未見的創新想法，還要他們保證，這些創意一定要能帶來收益。在這種雙重束縛的情況下，員工的壓力不斷累積，對未來不抱期待，又不知道接下來該怎麼辦才好，每日活在不滿與焦慮中。

大多數的人每天出門，不是因為覺得上班很有意義，只是習慣了這樣的生活。上司不斷交付工作，每天忙得團團轉，連喘口氣的時間都沒有，晚上帶著不耐煩的情緒搭上擁擠的公車。一看到有人過著充實又快樂生活，或是找到可批判嘲諷的話題，就馬上在社群網站上貼文，將自己的不滿發洩在這些人事物上。正因為這種網路霸凌的風氣，讓整個社會的氛圍變得異常沉重，令人喘不過氣來。

本書是有關藝術思考的書籍。

我過去擔任過建築師、藝術研究者，多年來為大企業負責開拓新事業，現在以創業家的身分遊走於各領域，致力於跨界合作。我的經歷有兩個特色，除了橫跨藝術及商業兩大領域，還自己創業，長年幫助客戶開拓新事業。

有相關經驗的人就知道，創業及開拓新事業不像外表看起來那麼光鮮亮麗，反而常被說是「打擊率一成」，意味著失敗的機率相當高。以往，只要做出商品就會大賣。但是，在景氣持續低迷的情況下，那樣的時代已經結束了。整體市場進入衰退期，時代已經變了，開發新事業更是難上加難。

我個人創業經歷過多次失敗。「這應該不可能成功吧？」——在前景不明的壓力下，每天在苦惱中度過，也不斷嘗試各種新做法。

一邊煩惱，一邊研發新思維，最終我設計出了藝術思考法。

這套新思維與其說是理論，還不如說是追尋自我的探索之旅，就像荷馬史詩《奧德賽》一樣，過程曲折而富有啟發性。

許多人處於停滯狀態，不知道是否該嘗試新方法來突破困境。而此書就是寫給有這些困惑的人們。他們對未來一籌莫展，努力工作卻感受不到其中的意義，就像被捲入無止盡的消耗戰一樣；看到他人過得那麼順利，卻想不出自己為何要工作。

有些人在公司負責開發新事業、有些人想創業，對於今後的人生總是煩惱不已。他們想要打破停滯感，跨出新的一步，卻又感到害怕，不知道該如何前進。

此書最大的目的，就是要幫助這些茫然的讀者，給他們一些提示。

因此，本書比較像是一本頭腦體操手冊，幫助人們突破盲點，但不太像是教科書或是工具書。換句話說，看完這本書，不會令人體悟到「我懂了！這樣做就好了」，反而會產生需要進一步思考的諸多疑問。我希望，此書能帶來許多啟發，讓讀者彷彿被召喚，走上探索自我的遠大旅程。我保證，只要花時間讀完，必定能有所收穫。

本書內容雖然不至於艱澀難懂，但也並非馬上可以理解。

除此之外，本書並沒有「正確」的閱讀方法，不需要從頭開始閱讀。而是像參觀美術館一樣，一邊感受展覽的主題，並以自己想看的順序前進。總而言之，好好享受你的閱讀時光。

希望藝術思考能為你帶來啟發，讓你找到實現理念的契機，終而改變人生。

2.

藝術作品的價值從何而定？

培養出「與眾不同」
而非「複製貼上」的能力

藝術不是抄襲就是革命。

——法國印象派畫家高更

何謂藝術思考，單用一句話來解釋的話，就是為了誕生出「與眾不同」的創意與概念。近代社會的運作模式大大轉變，藝術思考於是倍受重視。

日本市場已邁入成熟階段，生活所需的商品都能輕易取得。人民都有基本的消費能力，品味也更加多樣化，所以陽春的產品已不能滿足大眾的需求。在開發中國家，各類產品供不應求，大眾也清楚知道自己的需求。但每個人所想要的商品類型漸趨不同，品味也變得難以捉摸。

隨著市場成熟飽和，人們對產品的價值判斷也會改變，於是從「工廠」模式轉為「藝術」模式。

工廠是製造業的典型生產工具。在日本經濟高度成長的那個時代，世人無不讚嘆「日本第一」，而那就是工廠模式的全盛時期。

工廠的價值在於，它能製作、大量生產一模一樣的商品；過程中，只要出現與眾不同的成品，就會被當作有瑕疵。

市場還未成熟時，商品類型有限，人們的需求也尚未飽和，因此會購買一模一樣的產品。能製造大量複製品的工廠，就具有競爭優勢，畢竟在那個年代「只要做得出來就賣得掉」。

在工廠模式下，不只生產線必須盡可能減少特異的產品，系統及組織也改造成同樣的模式。公司實行規範化管理，工作流程以自動化為原則，務求「減低個體的差異性」。只要人力出缺，隨時都能有人替補，繼續做出相同的產品。日本人工作勤快且從眾性高，非常擅長做一模一樣的事，因此能以最快的速度成功達到世界第一的生產量。

這項策略非常成功。全國上下齊心朝著同個方向前進，不斷生產出相同的產品。在教育學生及培訓員工時，我們也以「相同」為圭臬，不斷強調「團體行動」，以訓練出技能相近的人。只要能背出標準的答案，考試就能拿高分；接著穿著款式相近的工作制服踏入社會。

但近年來，「相同即是王道，不同就是有瑕疵」的觀念已漸漸沒落。市場百花齊放，無論是產品類型或是資訊都呈現爆炸性的成長。人們不再滿足於一模一樣的產品，畢竟那樣的東西在生活中隨處可見，所以越來越沒有價值。最後，日本經濟就陷入通貨緊縮的惡性循環。

這裡有個題目想問問你，你認為左邊兩個作品的價格分別為多少呢？（請將這兩個作品訂價後再看下一頁。）

$ ________

（© 2022 The Barnett Newman Foundation / Artists Rights Society (ARS), New York）

$ ________

右頁下面的畫作應該許多人都曾看過，沒錯，這就是有名的梵谷自畫像。每次我在課堂上提出這個問題，學員都會將梵谷自畫像標上高價，而上面的畫作都沒有標上價格，甚至有半數的人會寫下「零元」。

其實，在這兩幅畫作中，較高價的是上面那一幅，這是美國畫家紐曼（Barnett Newman）的作品「黑火一號」（Black Fire I），其金額為八千四百二十萬美金（約二十五億兩千萬台幣），比價值七千一百五十萬美金（約二十一億四千五百萬台幣）的梵谷自畫像還要昂貴，明明只是一幅簡單的黑白畫作，為何如此珍貴呢？

藝術的價值在於與眾不同

一般人總以為，藝術作品的價值在於「美」，所以不免猜想，「黑火一號」既然如此昂貴，想必有什麼獨到之處。畢竟，藝術作品「不美」又昂貴的話，會令人摸不著頭緒。漂亮所以價格高昂，這聽起來很合理。看到美麗的事物，人心就會感到愉悅，其價值自然就比較高。一般人都是從這個角度理解藝術品。

另一個判定藝術價值的標準就是「技術」，比如畫工細膩、歌聲高亢或是琴藝過人。藝術作品的難易程度各異，所以由這個角度也能評出藝術家的優劣。雖然先天的資質有差，但唯有不斷地練習、打磨，才能培養出專業、精湛的技巧；這就是藝術品的價值。因此不少人認為，作品醞釀的時間越久、就越有價值。日本人特別重視這一點，比起花五分鐘就完成，我們會覺得用上十年完成的作品更珍貴。但事實上，創作所花費的心力、時間以及背後所憑藉的技術，不一定能反映在實際的價值上。

以一九一七年法國藝術家杜象的作品〈噴泉〉（Fountain）為例，就可以得知，藝術的價值不能以美觀或技術來評斷。

那一年，美國獨立藝術家協會於紐約舉辦展覽，而杜象打算以此作品參展。為了彰顯獨立創作的精神，主辦方一開始規定，「不需審核，藝術家只要支付參展費用，即可在會場展出作品」。在過去，有些美術館或策展單位只展出由權威人士審核的作品，而獨立藝術家協會反其道而行，強調「藝術不應有所設限」。

杜象將陶瓷製成的小便斗倒著放，命名為「噴泉」，並署名為「R. Mutt」。他將此作品提交到獨立藝術家協會，但後者卻展開審查機制，不允許它在會場展出。杜象被拒絕後相當憤慨，於是辭去了這次展覽的執行委員一職。〈噴泉〉的原件後來遺失了，但它成為二十世紀最具代表性的藝術作品之一，名留青史。

本來該展覽的精神是「萬物皆可參展」，但委員會卻從固有的價值觀出發，以「不美觀」、「毫無技巧」為理由，拒絕〈噴泉〉參展。他們顯然認為，會場應該擺放「好看的作品」，而小便斗談不上有什麼美感，杜象只是想挑釁眾人而已。

再來，〈噴泉〉也談不上有任何藝術技法。在這之前，杜象還有作品名為〈瓶架〉（The Bottle Rack），正如其名，他只是將瓶架直接擺出來。杜象稱此為

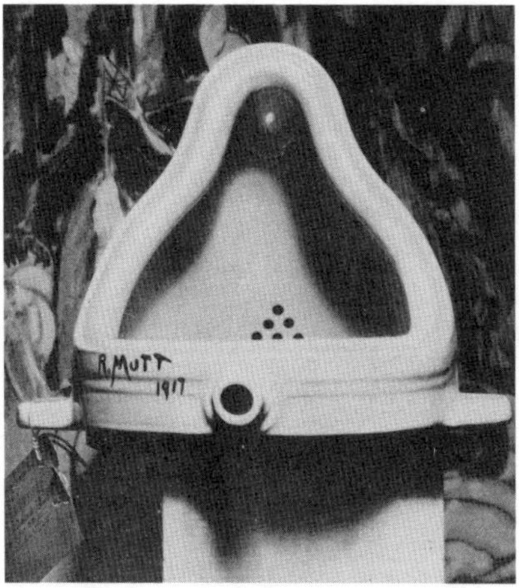

杜象，〈噴泉〉

「現成品藝術」，也就是拿出本來就做好的東西。杜象常說：「我什麼都沒做。」他沒有進行雕刻、著色等常見的創作程序，而是將置物架、鏟子等物品展示出來，當作雕塑作品那樣，然後聲稱那就是「藝術」。杜象沒有使用任何藝術技巧，也沒有花費一丁點的努力及時間。那些物品本來放在他處，他只是拿出來擺放，就說它們是「藝術作品」。許多藝術家每天努力創作、磨練技巧，而杜象的舉動卻像無賴一樣，令人感到生氣。

杜象的確是個怪人，居然打著「反藝術」的旗幟挑戰藝術界。當然也有人反駁道：「不管那傢伙怎麼解釋，我都不認同這是藝術！」不過事實擺在眼前，杜象的作品成為二十世紀最具代表性的創作，拍賣價格也屢創新高。在二〇一八年，東京國立博物館舉辦「杜象與日本美術」展，大受好評。不讓杜象專美於前，在日本茶道中，也有「現成品」的概念，我們稱之為「見立て」（將某物看作其他物品）。千利休不製作花瓶，而是把鮮花放進籃子或葫蘆裡。但我們不會指責他「奸詐、偷懶」，也不會否定這種做法的美感。

藝術的價值不是完全取決於「美觀」、「看得舒服」，也不一定是出於「千錘百鍊」或「十年磨一劍」。杜象的〈噴泉〉等現成品藝術可說是一種「質疑」，因為以前藝術家只知道默默遵從傳統。但透過他的實驗手法，我們得以看到迥然不同的藝術創作。

由此可知，藝術的價值就在於「與眾不同」。

一件作品無論多麼賞心悅目，或是創作者的技巧多高超，只要和其他作品大同小異，就談不上有什麼高超的藝術價值，甚至會被批評是抄襲。

由此可知，「工廠模式」與「藝術模式」截然不同，前者重視的是「一致」，而後者的價值則在於「獨特」。

別成爲抽取式面紙，要變成無法取代的蘋果手機

今日，消費市場飽和，相關資訊大量氾濫，性質相近的產品很難大賣。大量模仿的時代已經結束，今後想要超越競爭對手，就要完成對方做不到的事。

在企業演講時，一提到跟新事業有關的議題，我總會說「不要成為抽取式面紙」。先問大家幾個簡單的問題。

請即刻憑記憶作答。

Q1：現在你使用的智慧型手機是哪個型號的？是什麼品牌的？

Q2：現在你房間內使用的抽取式面紙是什麼品牌的？

這兩個問題都有自信能答對嗎？

能回答Q1的人很多，但是Q2呢？

我在很多場合都問過這個問題，但其實只有一成的人能清楚說出他使用的抽取式面紙品牌。而能答出製造商名字的人，更是少之又少。相較之下，很多人都可以不加思索地回答，自己所使用的手機型號是「iPhone8」或者是「Galaxy S8」，品牌、型號記得很仔細，製造商名稱如「蘋果」、「三星」也絕不會弄錯。

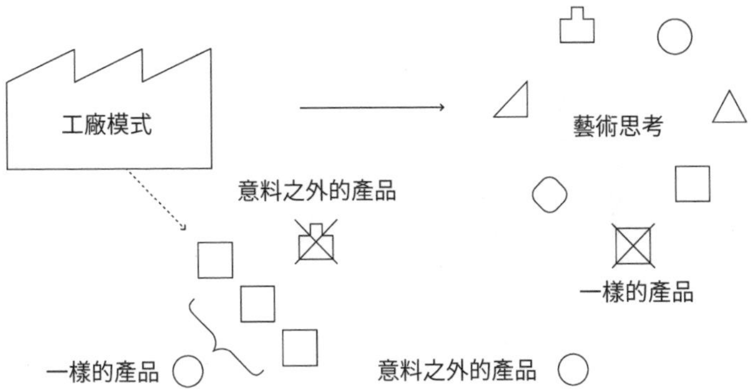

工廠模式與藝術思考所重視的價值不同

抽取式面紙跟智慧型手機一樣，每個人都用過，而且每天都要用到。從需求的觀點來看，抽取式面紙更勝一籌。哪怕還有人沒用過智慧型手機，但一定用過抽取式面紙。儘管如此，為什麼大家只記得手機型號呢？

那是因為面紙都大同小異。

在超市及超商購買面紙時，只要看到有特價優惠，我們就會放棄日常用的產品，改買便宜的那一種。此外，常買的品牌缺貨時，我們也不會特地去其他的賣場找尋，而是當下購買其他品牌的面紙。

不過，對於蘋果手機的愛用者來說，不會因為三星手機有折扣而改買Galaxy。如果某門市沒有iPhone現貨，就會四處探尋，或乾脆預訂，耐心等貨來。但是，應該不會有人堅持要某品牌的抽取式面紙吧？

兩者的差異之處在於「不可取代性」，也就是容易被替代的程度。就抽取式面紙來說，各個廠牌的產品大同小異，消費者分辨不出來，所以很容易被取代。而iPhone有高度的「不可取代性」，令消費者非常死忠，還能清楚記起產品的細節。

每當我在課堂上提到這個例子時，大家都會回說：「不過是抽取式面紙，誰會記得那麼清楚啊！」接著事不關己地大笑。但這可是嚴肅的事，畢竟我們不時都在犯這種錯誤，以為抽取式面紙很好賣。

企業在開拓新事業時，都會透過市場調查來收集資料。但是我方所統整出的「消費需求」與「社會趨勢」，其他對手也一樣做得出來。大家都能看到明顯的問題，而只要經過邏輯思考，就會得出大同小異的解決方法。

在企劃會議上，老闆常要求屬下交出市場調查報告，以釐清公司要提供哪方面的服務。當然，大多數消費者所反映的需求以及服務項目會被採用，但企劃人員依此發想的點子就很普通，跟其他公司大同小異，有如抽取式面紙一樣。

如同剛才所說，既然在市場上抽取式面紙的需求高於智慧型手機，那麼企業不就應該把心力放在前者嗎？畢竟那可是人人都需要的生活用品。但事實上，很少有消費者記得自己正在使用的衛生紙廠牌名稱。這類商品的競爭太過激烈，最後各大公司便會走向削價戰、消耗戰。

不過，我偶爾還是會遇到有特殊需求的消費者，他們能清楚地說出自己使用哪個牌子的面紙，比如「鼻貴族」，那是因應花粉症而推出的面紙，價格較貴，只有特定的客群才會買。真要做市場調查的話，需求大概不到兩成。但是，就因為它有明確的特點，所以能讓人留下印象。

透過抽取式面紙的例子，我們了解到，今日消費市場飽和，某項商品的市場需求無論有多高，只要類似的產品氾濫，它就容易被取代，不被消費者當一回事，價格也就難以提升。不妨假設一下，現在若有生產抽取式面紙的企業倒閉，消費者應該也覺得不痛不癢，反正用其他廠牌的產品就好了；甚至也不會有人發現這家企業關門了。對大家而言，蘋果公司倒閉才是嚴重的事，少家衛生紙廠商沒什麼大不了的。

對於今日市場來說，大同小異的產品少一項也沒關係。因此我才要強調「與眾不同」，鼓勵大家為產品創造獨一無二的價值，為它設計存在的理由，這樣才能受到大眾的支持與重視。

如前所述，既然市場飽和、各項商品供過於求，所以消費者的價值觀有了一百八十度的大轉變，不再重視「同質性高」，而是要「與眾不同」。

無論是「邏輯推論」或是「商品設計」，都是以「一致」為核心目標，讓我們每次都能得出一樣的結論、製造出功能相近的產品。

只要依照邏輯規則，任何人都可以從既定的前提推出相同的結論。經由推理所得出的答案，不會因人而異，否則就不能算是邏輯思考。

另一方面，設計的品味雖然因人而異，不能一體適用，但商品的規格仍是以「大同小異」為目標。根據「直觀功能」（affordance）理論，所謂合格的設計，就是要讓使用者一目了然，知道要對它採取哪些動作。以門為例，裝把手的那一面就是暗示使用者要「拉」，沒有裝的那一面則是「推」。不須特別標示就能理解其功用的產品，就是「好的設計」。

知名設計師佐藤可士和曾為7-ELEVEN便利商店設計自助式咖啡機。它有時髦帥氣的外觀，卻很難操作。顧客在櫃台結完帳後，老是在咖啡機前摸不著頭緒，店家只好在時尚的機器面板上貼滿指示標籤。（在網路上用「佐藤可士和」、「日本7-11『SEVEN CAFÉ』」等關鍵字，就可找到許多相關照片。）那些五顏色六色的標籤破壞了咖啡機時尚優雅的外觀，但操作方式因此變得明瞭，顧客再也不會按錯開關。

在這個案例中，我們可以看出，商品設計的目的，是為了讓所有使用者執行一致的動作，而不是各憑本事去摸索。

相反地，藝術的核心價值是「不同」。藝術家得創作出與眾不同的作品，而每個人欣賞的角度不同，便會有各自的詮釋。邏輯推理和商品設計的目標是提高「一致性」，而藝術創作是為了增添「多樣性」。

在市場成熟飽和的時代,「一致性」已不再是價值,「多元」才是王道。消費者不再喜愛平庸的產品,思維也工廠轉變為藝術模式。人們開始追求多樣性,而本書要提倡的藝術思考法,就是在此脈絡中誕生的。

Work這個字有多種涵義,至於是一成不變的「工作」,或是藝術家與眾不同的「作品」,就端看你們的選擇。最好別像抽取式面紙一樣,同質性高又容易被取代。

13.

如何用身體來「思考」？

活用差異性，就能保持
靈活有彈性的思維

身體為一個巨大的理性，擁有一種意義的多樣化個體，
既衝突又和諧，既是羊群又是牧羊者。

——尼采

藝術思考的核心在「身體」，因為每個人的身體特徵跟動作模式都不同，特別能彰顯「變化」與「差異性」。

機械都是在重覆相同的動作，我們只要複製某台機器的操作程式，就能在其他機器上重現相同的動作。無論是誰，只要會操作機械，都可做出相同的事。

這就是「重現性」（Reproducibility），但在人的身上無法辦到這一點。軍人或是舞者經過訓練後，確實可做出一致的動作，但要像機械一樣百分之百，是絕對不可能的，因為每個人的身體各部位都有差異。

請兩人一組，一個人先閉上眼睛，另一個人伸出一到三根手指碰觸對方身體，首先碰觸手心，接著是手背，再來是頸部，最後碰觸背部幾個地方，然後問對方感覺到

有幾根手指（每根手指間隔為兩公分左右）。觸碰部位不同，身體的感覺是否也不同呢？

人們容易誤以為，身體是一體成形、各處感覺都是一樣的。但其實每個部位的感受及空間辨識度都不同，頸部可感受到三公分物體的碰觸，但是脊椎附近的知覺就沒有那麼細微。身體由四十到六十兆個細胞組成，雖然看似一體成形，但其實各部位的知覺與反應都不同，所以事實上它是各元件的組合體。

每個人的身體狀況都有差異，沒有任何一部位與他人完全相同，就連相似度極高的雙胞胎，身體特徵也不是一模一樣的。而且，身體無時無刻都在變化，就算是做同樣的事，每次造成的影響也不同。

相反地，頭腦能進行抽象思考，並找出各種事物的共同點，並排除特殊與例外的情況。例如，自由落體的物理學公式為$h=1/2gt^2$，不過由此得到的答案不一定符合現實情況。物體落下時會有空氣阻力，現場的溫度、濕度等環境應力皆不同。在現實中，現象會受到許多複雜因素所干擾，但是物理學家排除這些複雜條件，只想找出共通、不變的答案。在實驗中，科學家試圖按照公式來一再重現預期的結果，還要設計出不自然的環境，像是控制氣溫、濕度或是空氣成分。

許多人以為，身體是按照頭腦的指示行動。但事實上，我們常會感受到身體不聽頭腦指揮。正如許久沒運動的人，想要跑步、跳躍、爬山都會感到很吃力。頭腦能進行抽象思考，設法「異中求同」；但身體的狀態與動作模式都不斷在變化。無論我們再怎麼動腦，想做出以前能做的動作，但身體總會不聽使喚，好像不是自己的。

在工廠模式下，人體的不確定性就是瑕疵品出現的原因。二十世紀以來，大規模生產的公司締造了無數的成功經驗。這些管理者只強調結構、規律的重要性，只想複製一樣的流程、生產相同的商品。因此，他們會排除特異的人事物。但是在藝術模式中，獨特性才是最高的價值，而身體的不穩定性更受到重視。

雖說如此，抽象思考還是有其必要性，否則人類會一直重複失敗的舉動。依據古典物理學的定律，我們能預測大部分的物理運動，所以公式及邏輯還是有其功用。但是不要忘記，科學家是先排除不確定性，在不自然的情況下才得出定律與公式。因此在進行抽象思考時，也要多留意細微且複雜的不確定因子。我的恩師，美學研究者佐佐木健一先生於《美學辭典》一書中談到，身體特性對於想像力的重要性：

想像力是一種特殊的精神功能，它結合了各種感官的訊息。與美學相關的想像力，受到物質與身體的刺激而活化，創造力也跟著提升。思考時，阻斷身體的影響力，才能得出抽象、普遍的理論。另一方面，思考時若是納入身體的感覺，就能得出具體的心得。然而，現實的體驗充滿矛盾，許多人都想全力排除那些干擾因素。理性思考的重點在於普遍性與理論性，但發揮想像力、加入了具體的元素後，該理論就會具有獨特性。

由此可知，加入跟身體有關的具體因素後，思想就會更有特色。要發揮獨特性，就要藉由身體與想像力來創造出與眾不同的一面，這就是藝術思考的功用。

像藝術家一樣，多留意自己的感受

「能樂師」安田登有本名著叫做《以身體感覺重新閱讀論語》。他建議讀者，多透過身體來理解文字，就能得到許多層次的感受，不妨試試。

書中有一段提到，「心」應該在下半身：

有些人生氣時會說「一肚子火」、「情緒憋不住了」或「五臟六腑快爆開了」，這應該是認為心臟位於內臟或腸子附近。也蠻多人會說「胸口悶悶」、「感到噁心」或是「怒氣沖天」，這時心臟的位置往上移了一點。至於「氣到爆青筋」，那心就完全跑到頭頂了。

憤怒的形容詞有這麼多，差異就在於，人們漸漸地以「頭部」為心靈的重心。我們應該擺脫這種思考模式，將重心往下移。最簡單的方法就是多做運動。「改變有這麼容易嗎？」當然，與其坐著思考，有時活動身體後，就會有不同的想法，實際試試看就知道了！

讀書的時候，不妨出聲朗讀。吃東西的時候，細細品嘗味道；拿東西的時候，用心觸摸表面的質地。透過身體來吸收資訊，就會有不同於理論的收穫。

不過，在辦公室我們不能隨便發出聲音或有太多肢體動作，所以身體受到的刺激比較少。

在一成不變、毫無隱私的辦公室工作，很容易變成只做動腦的事情。為了活化身體，我們偶爾得到不常去的地方，或是做一些日常生活中不會做的事。我經常像「數位遊民」一樣，去公園或露營地工作。在那裡，我能感受到大自然的聲音與微風，讓身體接受不同的刺激。很多人以為，這樣容易受到雜音影響，難以集中注意力。其實不然，在開放的場所，我們更容易讓心靜下來。

另外，我建議大家多走路。搭乘大眾交通工具時，大家會習慣一直滑手機，變成只有頭腦在活動。如果移動距離在兩站以內，不妨享受一下散步的樂趣。

多找機會及時間來活動身體，就能在工作中開發「藝術思考」的一面。許多人習慣找藉口，總說「工作太忙，沒時間到其他地方閒晃」，結果只有腦袋在活動。

有些公司意識到這個問題，會集合員工一同呼口號或做體操，但通常都千篇一律，所以還是有變化比較好。每天，我們總是無意識地來回於通勤路上，看著一樣的景色、進行同樣的行動，身體便漸漸失去靈活度。我們被吸入環境中，無法察覺內心的聲音。因此，跳脫日常的慣性活動，適時加入變化，身體就會受到刺激，腦袋就會更加清醒。

上班族也應像藝術家一樣，經常留意身體的感受，磨練敏銳的感官能力。即使是平淡無奇的日常生活，只要身體的感受度夠高，就會有更豐富的體會。身體所受的刺激太少、敏感度太差，我們就很難察覺到它發出的訊息。小時候，我們只會分辨速食或零食這些味道單調又重口味的食物。但隨著味覺進化，我們便能分辨出食物的原味。因此要多多訓練感官的覺察力。

將公司組織視爲一個身體

在法律上，公司是一個「法人」。用藝術的角度來思考，公司也有「人格」，組織就像身體一樣，而員工就像器官或細胞。

正如各器官有不同的功能，每個員工所扮演的角色也不同，而且隨著時間過去，大家的表現也會改變。因為有這樣的不穩定性，所以對頭腦（管理者）而言，身體（員工）是難以控制的複雜組織。

在一家公司裡，管理階層負責做決策，然後透過各個層級來發號施令。在這種模式下，只要管理者找出正確做法，明確指示屬下該怎麼做，公司就能運作得很順利。但是在多變且充滿不確定性的時代，「頭腦管理者」很容易搞錯方向，效率也不好。若有意外的狀況發生，或是有危險警示時，腦部得先花一段時間處理，再回傳應變辦法到身體。在這段時間，身體只能維持待機狀態。事實上，發生緊急事件時，最好由最接近外界的部位去判斷、處理。這就是所謂的「身體應變模式」，它的準確度較高，應變能力也比較強。

我將這種運作模式稱為「爵士樂團」。在交響樂團中，全體樂手是聽從指揮發號施令。在爵士樂團中，成員更有機會互動、自主性也比較高，還能發揮即興演奏的能力。以這種概念建立的組織，更能快速應對外界的變化。

美國生理學家班傑明・利貝特（Benjamin Libet）證明，在頭腦決定要行動前，身體已先行一步快速做出反應。在嚴苛的野外環境中，頭腦的反應太遲鈍，唯有敏銳的身體才能應付緊急情況。因此，在瞬息萬變的現代社會，員工要比管理者更快做出反應，才能找到解決辦法。

因此，公司最好轉型成「身體應對模式」，把決策權釋放到員工身上，不再侷限於管理階層（頭腦）。但這樣一來，許多頭腦「不能理解」的聲音也會出現。不過，公司決策本來就沒有固定的答案，唯有傾聽各層員工的意見，才能改變僵化的思維模式。

對於老牌的公司而言，組織不斷成長、規模變大，就會需要分層的管理模式。但是在變化莫測的時代，管理階層還是要設法保持彈性。

當然，由下而上的管理模式也有缺點。如果員工意見太多、沒有共識，就會變成一盤散沙。所以，管理者與部屬要時常交流。正如我們不能只聽頭腦的指令，還要多覺察身體的感覺。

比起「管理」不如「活用」

許多人都誤以為控制身體的是頭腦。同樣地，也有許多領導人誤以為是自己在操控組織。事實上，組織像身體一樣，是由各種不同的元件組合起來，協同運作。

藝術家重視身體的感覺，並知道頭腦有其極限。一般人總是會受到常識及世俗之見的影響，傾向於選擇大同小異的事物。因此，多多傾聽不同的聲音、留意身體感覺，就能激發出更多想法。

採用藝術思考的組織，就不會把焦點放在管理階層，而是會重視轄下各個部門的表現。

在日本，manager被翻作「管理者」，其背後呈現出工廠式的思維。管理者深入了解公司結構後，便展開控制手段，一層層下達命令。但控制手段太嚴格的話，公司就會把意料之外的東西全都當作異物丟棄，只留下聽話的人。最終，公司只能產出相同的想法與商品。

然而，身體組織包含各種不同的細胞及器官，它們各自與頭腦有不同的互動方式。但在工廠模式中，管理者會把不同意見當作雜音，把意外的產品當作瑕疵品。為了確保生產品質，許多管理者會刻意排除突出的人事物，而這種經營方式也一直是主流。

但是，在藝術模式中，大同小異的想法與產品沒有價值。管理人必須要思考，該如何活用差異性來增加商品的價值。

為了翻轉思考模式，我們不該把management限縮於「管理」，而是要懂得「活用」資源。管理者的職責不在於「掌控」員工，而是像樂團的團長一樣，讓每個成員發揮最大潛力，展現出最好的一面。

這樣的思考方式不限於管理人事，從理財的角度來看，除了保存、管理自己的財產外，適當投資、活化金流，才能增加收入。另外，在進行風險管理時，不只要避開危險，還要預測未爆彈，思考進退的措施。也就是說，頭腦要保持靈活與彈性。

跳脫抽象的思考模式，活用差異性來創造價值。從身體的角度去思考、活用不確定的因子，就能掌握藝術思考的核心。

11.

如何透過藝術來提升自我？

資源有限，創意無限

想提升藝術性，就得仰賴與其作對的力量。

——法國作家紀德

透過藝術創作，就能超越常識、打破既有的框架，甚至能改變世界。安於一般看法、老是配合他人的需求，只會人云亦云，就無法創造嶄新的價值，生活和想法都會停滯不前。

但是，想要超越常識、創造出獨特的價值，是非常困難的。從外部來改革比較容易，因為個人通常深陷於既有的價值觀中。請大家先看一下德國畫家霍爾拜因（Hans Holbein der Jüngere）的作品〈大使們〉（*The Ambassadors*）。

霍爾拜因，〈大使們〉（倫敦國家美術館館藏）

這幅畫是霍爾拜因受英王亨利八世

之令所畫。後人對亨利八世的評價並不好，他還曾為了與侍女結婚而跟天主教會起了衝突。這幅畫裡的大使們，就是教會為了收拾亂局，而被派去見亨利八世。據說，這幅畫含有諷刺的意味，可看出當時英國與教會的嫌隙。仔細看背景的物品，其實有一些詭異之處，例如放在櫃子下方的魯特琴弦斷了、長笛被拆開而無法吹奏，地球儀壞了而傾倒在一旁，這一切宛如在暗示世界脫序了。

請大家特別注意，畫面中央下方湧現了一道狹長的白影，好像是畫家完成作品時，不小心用手擦到而拉長的痕跡，這到底是什麼呢？

換個角度就可看出它的真面目，將書拿起來，從畫的左下角往上斜看，本來細長的橢圓形會變成角度稍微傾斜的圓形，這樣就可看出原本的樣子。

沒錯，就是可怕的白色骷髏頭。

但它的意義為何，眾說紛紜。有人說，那是指潛藏於大使們身邊的「死亡陰影」。解讀這張畫如同解謎般有趣，但這不是本章的目的。我希望大家能想像自己是畫中的大使，穿著華麗服裝，面向前方站著，背後放有各種不吉祥的飾物，腳邊還有死亡陰影。

但是身為大使的你，一定無法發現腳邊的骷髏頭。

這幅畫中存在著兩個視角。首先，你受制於直線透視法，所以察覺不到「死亡陰影」。另一個視角則位於畫面左下方，但是在中央的你不可能察覺到那個象限。若從骷髏頭浮現的角度來看，你是歪斜的，彷彿被拋進扭曲的時空中，看不出形體與樣貌。

畫中的大使們察覺不到骷髏頭的存在。正如我們抱持某個世界觀，就不可能從全然不同的視角看事物，因為那就如同顛覆自我一般。

還記得知名的科幻電影《駭客任務》嗎？主角湯瑪斯總是覺得人生很不真實，雖然清醒但彷彿又像做夢般。結果主角發現，他自以為活在現實世界，但那其實是邪惡的電腦製作出來的幻象，以此來控制全人類。

湯瑪斯參加反抗軍後的代稱是「尼歐」(Neo，含義為「新」)。他穿梭於現實與虛擬世界，努力反抗電腦的統治。但除了這群反抗軍，其他人就像畫裡的大使們一樣，絲毫沒有察覺到另一個世界的存在。而且，電影中的真實世界是個困苦的環境，就像

「反烏托邦」令人絕望。現實是殘酷的，虛構的世界反而比較美好。因此，即便人們知道真相，也應該會逃避現實，而選擇停留在虛擬世界中。

藝術家不只會質疑常識的可靠性，還會找尋新視角。但是，大使們沒有察覺到骷髏頭的存在。在《駭客任務》中，生活在虛擬世界的人們，也沒有發現眼前一切都是虛構的。活在既定的框架下，卻又要質疑它，這種感覺是很矛盾的。質疑到最後，恐怕也只會找到可怕的骷髏頭，或是破敗的反烏托邦社會。

藝術家究竟是怎麼辦到的？他們身處其中，卻能培養不同的視角，超越常識及認知，並打破既成的框架。

認知改變了，看事情的角度就變了

各位知道「中間被動語態」（mediopassive voice）這個文法概念嗎？

它存在於梵語或希臘語中，不是主動語態、也不是被動語態，算是第三種動詞語態，但它比被動語態還早出現。據說日語本來也有這樣的未分化動態，但是我們受到西洋文化影響後，文法上比較習慣二分法，也就是只分為主動語態與被動語態。在描述因果關係時，也自然只分出主體（Subject）與對象（Object）。

舉例來說，「說服」這個行為的被動語態一般來說就是「被說服」。

事實上，我們很難按照自己的意思去改變他人的想法，就算說破嘴，還是無法說動對方。以中間被動語態來看，「說服」的相對詞不是「被說服」，而是「接受」。也就是說，無論再怎麼努力解釋，只要對方不接受，就不算說服成功。對方不僅得「被說服」，還得主動地「接受」。

當然，「接受」不是自己單獨就能做到。藉由他人的說明，我們才有機會受到刺激，但要不要接受，關鍵還是在於自己。所謂的中間被動語態，就是在他人的刺激下，自己的內心產生變化，但不是被他人強迫，也不是完全的自發行為。

再舉一個例子來說明「中間被動語態」，日語的「みる」（看）跟「みえる」（看得到）的差異在於，前者是主動語態的行為，需要對象（受詞），但是後者就不完全是獨立自主的行為。

不管再怎麼努力看，沒有鳥的話，就談不上「看到鳥」，牠得進入你的視野才行。在這種情況下，鳥不是主動「讓你看」，反而是人「被動地看到鳥」。就「看得到」這個動詞而言，主體內部產生變化，看到的同時想法也改變了。

再舉另一個例子，岡本太郎的壁畫〈綠色太陽〉（緑の太陽，位於別府市）。

這幅壁畫看起來像什麼呢？知道它的名稱後，很多人會以右上紅色圓型為中心，覺得看起來是綠色太陽。

岡本太郎，〈綠色太陽〉

（圖片提供：九州俱樂部）

但是，這幅壁畫還有其他欣賞方式，將紅色圓形上方部分當作眼睛來看，看起來就像是別過臉去的女性。

當年的施作人員回憶道：「一開始搞不清楚那到底是什麼。但是看了一陣子後才發現是女性的裸體啊！跟岡本先生說了之後，他莞爾一笑。」

聽到「綠色太陽」這個標題，人會不自覺地把重點放在綠色的部分。但只要「看得到」女性裸體，就難以對它視而不見了。

先從有限的素材開始著手

・行動的主體是自己。
・光憑自己的意識無法看到事物，需要外在世界的契機。
・感知到事物之後，但是主體的認知改變了，外界事物變成自己的思維。

在創作藝術時，個人的身心也會產生變化。在《藝術中間被動語態——接受與創作的基礎》一書中，藝術評論家森田亞紀詳細地分析了這整個過程。

創作者並非不變的主體，他無法控制一切，也不能在創作過程中置身事外。他會被捲入創作過程，而身心不斷產生變化。在有限的時空條件下，他接受藝術方法的約束，並順勢產出作品，而他自己也變得煥然一新。他沒有憑空創造前所未見的藝術品，而是在某個脈絡中「找到」它。面對眾多素材，他不斷反芻思考，才把它們轉化成自己的作品。因此，創作就是始於身心受限，連創作者都要重新被定義。這就是藝術的中間被動過程，完成作品後，當事人才稱得上是創作者。

因此，就算我們是創作主體，也無法每一步驟都照計畫進行。光靠自己是無法看到外界的事物，唯有天空出現飛鳥，才能在腦海中留下那個印象。在創作過程中，當事人也在自我轉化，作品完成後才會成為創作家。藝術家常說：「在動手嘗試之前，我也不知道究竟能做出什麼。」一邊創作、一邊構思，就能找出答案。

對於藝術工作者來說，必須在自由的環境下才能創作，但還是有所限制。比方說，創作素材是有限的，創作者得自己開拓其可能性。法國藝術史學家福西隆（Henri Focillon）在《造形的生命》（*The Life of Forms*）中提到，創作者從素材中尋找啟發、獲得靈感。

完成作品後，創作者必會發現，它與自己當初所想的完全不同。素材限制了創作者的自由。換言之，正因為你很難取得齊全的材料，所以才能創造出預料之外的作品。在創作藝術時，受到有限素材的啟發，思維也產生了變化。

因此，在藝術創作中，我們能發掘自己未知的那一面，甚至是打造出全新的自己。

也有人說，透過藝術思考，我們就能放眼未來、培養遠見的視野。但這種說法會讓人以為，藝術家只看重未來或願景，其實他們更重視創作過程。藝術家不可能百分之百按照計畫進行創作。雕刻家想在石頭上刻出沉睡的男子，但他得考慮石材的種類，必要時得改變原先的藍圖。作品完成後，才會完整看出這一路來的思想轉化。

「藝術家究竟是怎麼辦到的？他們身處其中，卻能展開不同的視角，超越常識及認知，並打破既成的框架。」針對這個問題，從「中間被動語態」概念來看的話，我們就能理解，由於現實條件的限制，創作者必須因地制宜，設法提升自己的能力，才能建立自己過去沒有的觀點。

正因為無法事事如意，所以才能獲得新視角，這就是藝術的價值與改革性。從各種視角來重新審視自己的想法，就能在面對阻力時思考要放棄、突破或是繞路。

遭遇艱困的情況，就當作是鍛鍊的契機，以設法提升自己的視野與能力。

17.

藝術有隱藏的含意？

以多層次的角度看世界

偉大的藝術家，絕不會僅看事物的表象，
如果真是如此，那他就稱不上是藝術家了。

——愛爾蘭劇作家王爾德

藝術是「多次元」的，也就是說，除了外觀，藝術品還有多種層次的意義。

如大家所知，戲劇是虛構的，不是實際發生的事情。有的觀眾會入戲太深，在街上攻擊飾演壞人的演員。其實，這是因為他們不了解藝術與表演的真諦。

演員在台上扮演劇中人物，下了戲就是平凡的人。藝術的層次很多，除了表面上的意義，還有各種隱喻。想要理解藝術，就要懂得從多層次來欣賞它。我們透過感官以及觀念來鑑賞藝術，並了解到，一層、二層、三層各有其內涵。

例如，西洋繪畫直到近代，都還是以寫實、重現場景為主，而畫家也因此開發出透視法等各式各樣的技法。欣賞畫作時，若將畫框當作窗戶，就會覺得畫中的景象是風景。我們不會注意到畫布上的顏料，而是描繪於畫布上的主題。

雷內・馬格利特，《形象的叛逆》

（© 2022 C. Herscovici / Artists Rights Society (ARS), New York）

在雷內・馬格利特（René Magritte）作品〈形象的叛逆〉（The Treachery of Images）下方，寫著「這不是一只菸斗」。這不禁使人納悶，為何文字跟圖像不符？馬格利特是對的，它確實不是菸斗，而是用筆沾顏料塗出來的圖畫。他想提醒大家，藝術可從許多層次來看。

藝術作品有各種含意，雖然它表面上不過是一些塗料。在〈蒙娜麗莎的微笑〉中，那淡淡的表情令人感受到神祕的魅力；雖然從物理層次來看，它不過就只是塗滿於畫布上的一堆顏料罷了。同樣地，在羅丹雕刻的〈地獄之門〉上頭，也有許多表情苦悶的人物，令人深有所感；但從物理層次來看，它不過就只是塊青銅罷了。

藝術有這麼多種層次，所以我們在欣賞作品時，不能只看表面。杜象的〈噴泉〉說穿了的確只是個小便斗，但這種角度很無趣，跟藝術鑑賞無關。依照這個道理，那〈蒙娜麗莎的微笑〉不過就是一堆顏料而已。

用隱喻的方式思考，才能欣賞藝術的價值。美國藝術家安迪．沃荷的〈布瑞洛盒〉（Brillo Box）正是一例。

安迪．沃荷，〈布瑞洛盒〉

（© 2022 The Andy Warhol Foundation for the Visual Arts, Inc. / Licensed by Artists Rights Society (ARS), New York）

透過模板印刷，沃荷複製了用來裝運「布瑞洛」肥皂的紙箱。

只看表面特徵的話，這個複製的布瑞洛紙箱實在談不上是藝術，明明外表就跟該廠商所生產的一樣。但既然〈布瑞洛盒〉是藝術品，那應該藏有更深的意涵，不光只是個紙箱。從藝術鑑賞的角度來看，沃荷此作品的價值不在於外觀，而是把常見的事物「當作藝術品擺放」，從此衍生出另一層含義。

藝術的意義不只存在於作品本身。欣賞藝術時，除了從感官接收它的美感與刺激，還可以思考創作者的隱喻。這兩個元素結合起來，就是美國藝術評論家丹托（Arthur Danto）所謂的「意義的具現」（embodied meanings）以及「似夢非夢」（wakeful dream）。

這就像是AR（實擬虛境）一樣，透過硬體來結合各種訊息、傳遞多層次的意義。藝術品除了可用來欣賞，更開啟了一扇窗，能傳達全新的意義。因此，在欣賞藝術品的美感之餘，還要發揮想像力，從不同的角度去尋找它獨特的意義。

最近，消費糾紛、客訴及網路上的批評嘲諷越來越多，原因在於，現代人沒有胸襟去接受多種層次的意義。只要廣告或是電視節目播出有點爭議的畫面，就會有人立刻截圖（不看整體的脈絡背景），然後發表不經大腦的批評言論。在淺碟、文化落後的社會中，每件事情大家只看一個面向，只要聽到敏感的字眼，就要對方閉上嘴巴或是提出告訴。這種執迷的態度，就跟入戲太深去街上打演員的觀眾沒兩樣。所以，我們得觀照事物不同的層面，才能找到多元的觀點，在模糊地帶中找尋趣味。

現在，將這本書闔上，接著放在桌上當作藝術品欣賞看看吧！

用藝術打開視野，世界會變不同

現實主義者認為：「藝術作品若有其他層次的含意，那必定不符合現實，也就沒有意義。」

但是「現實」並非只存在於真實世界，否則所有的虛構作品皆無意義。事實上，即使是虛擬實境，也會發揮如現實般的作用。體驗過ＶＲ斷頭台的人，內心一定會有很大的衝擊；政客燃燒國家元首的照片則會引發群眾對立。在德川幕府時代，為了禁止天主教傳播，政府命令教徒踏上耶穌像，以證明自己不信神。由此可知，藝術品具有實際的影響力。

藝術像個能量站一樣，對現實生活有多層次的影響，所以才能透過它改變世界。

各位有聽過「環境界」這個概念嗎？這是生物學家魏克斯庫爾（Jakob von Uexküll）所提倡的概念，原文為 um-welt，um 在德語是「……的周邊」，welt 是「世界」（world），意思就是「環繞於自己周遭的世界」，簡稱「環境界」。

「環境界」與「環境」這兩個概念不同。由後者來看，世界像是立體模型，接著生物出現，被放入模型之中。在此概念下，無論如何，世界就算沒有生物都會存在。相反地，由環境界來思考，就是先有生物、接著有感知，最後才有世界的誕生。

生物根據自己的認知打造出所屬的環境界，生物種類不同，感知到的世界也不同。例如，跳蚤的世界沒有顏色，僅由丁酸與溫度這兩種資訊組成。跳蚤透過丁酸的味道來察覺動物的位置，接著跳到牠們身上，並根據其體溫的變化去吸血。對跳蚤而言，世界僅此而已。同樣地，對狗來說，環境界主要由嗅覺與聽覺構成，與人類的世界截然不同。

透過環境界的概念，我們體認到，人類並非共享同一個現實世界。隨著主體的差異，其認知到的世界就不同。我們容易誤以為世界是客觀的，每個人看到的都一樣。但事實上，地球上有多少人，就有多少世界存在。

人們有時會覺得，只有人類看到的世界是完整的，而動物感知到的世界是殘缺的，但兩者其實沒有優劣之分。動物看不到顏色，但可以聽到人類無法聽到的聲音，辨識從幾公里外傳來的味道。由此可見，動物的世界遠比人類的還要豐富許多。

以人類來說，每個人的感知能力有差異，所以認知到的環境界也不同。大人與小孩的空間感及時間感不一樣；盲人與聾子感受到的世界也不同。不管對誰，世界都不是相同的。

但是人們常會忘記此事。

「同儕壓力」就是這麼來的。人們幻想自己所看到的世界與別人是相同的，所以會將自己的想法強加於對方身上。

而環境界的概念可套用到藝術領域。透過作品，藝術家呈現出自己的環境界，並設法啟發觀賞者，以此來影響對方的環境界。

與環境界相關的就是「功能定義」，像是椅子是用來坐的、熊是危險的動物；每樣事物都與特定的行為有關。我最喜歡的食物是海膽，甚至自家公司名uniqúe也加入這個字（譯註：日文海膽念做ウニ〔uni〕）。看到海膽時，我內心會湧現強烈食慾，口中會分泌唾液，那是因為我吃過海膽，並喜歡它的味道，沒吃過的人就不懂這番滋味了。從客觀上來看，海膽本身的功能不是食物，唯有在海鮮愛好者的環境界中，才變成美食。這個定義隨著人的經驗與視角而變化。

環境界宛如泡泡般，是個封閉的世界，與他人交流後才會有所進化。海膽表面上是「芥末色的恐怖物體」，但經過饕客介紹後，就會變成令人流口水的美食。同樣的道理，工廠生產的小便斗，在大師的推薦下，也會變成藝術作品。

欣賞美好藝術品的瞬間，看世界的角度就會發生變化，哪怕是日常生活中常見的景色，也會出現嶄新的意義。這不是假象，而是世界真的改變了。對於墜入愛河的人來說，平常覺得難相處的同事也會突然變得可愛。雖然表面如常，但視野一改變，自己所處的世界就會有一百八十度的大轉變。

藝術成為改變觀看世界角度的契機，以「環境界」的說法來解釋的話，人們身處於各自「不同」的世界，它們本來是分散的，但是透過藝術經驗，可變成互相影響的環境界。

而藝術的作用，不是用來統一每個人的環境界，以消除差異。相反地，藝術家要呈現各種差異性，以轉化世人的觀點。透過多元的視角與觀點，看到事物多層次的意義，那麼個人的環境界中的功能定義就會增加，世界也變得更開闊。

日本藝術家高嶺格於二〇一一年創作〈綠色房間〉。他在許多普通的毛毯上標註解說文字，參觀者因此認真地欣賞一番。

跟著杜象與沃荷的腳步，高嶺格拿常見的物品「假裝」是藝術品，讓觀眾去體會它們的言外之意，進而改變其環境界。他說：

有些參觀者帶著期待的心情，以為是要欣賞如法國畫家賓加那樣唯美的創作，到了展場之後發現不過是普通的毛毯，結果怒氣沖沖地回家。殊不知，他們看到自己家中的地毯也開始思考，這些物品跟賓加的畫哪裡不一樣。「日用品在他們眼中變不同了」，若能達到這樣的效果就太好了！但如果他們什麼都沒發現，那就是我的計畫失敗了。

4.

藝術有沒有正確解答？

創新與創意來自於
新奇而難解的想法

在藝術裡，只有一項事物有價值，也就是你解釋不了的那件事。

——法國立體派畫家布拉克（Georges Braque）

這個時代可稱為「VUCA時代」。

V是易變性（volatility）、U是不確定性（uncertainty）、C是複雜性（complexity）而A是模糊性（ambiguity）的縮寫。簡單來說就是「令人茫然不解的時代」。

令人不解的事物越來越多，因為時代變化異常地快。

根據「摩爾定律」，技術以飛快無比的速度進步。二〇〇七年iPhone發行時，沒人預測到它能為全世界帶來如此巨大的變化。iPhone發售時，我正任職於NTT docomo。它是第一款智慧型手機，誰都沒想到短短幾年內，會變成人們的必備品。如今，我們無時無刻都與網路相連、透過各種應用程式來享受服務。

iPhone普及後，社會變化速度加快。人們每天在社群網站上發表文章、收取並分享資訊。某公司社長的不當發文在瞬間被瘋狂轉貼，並引來網友的批判嘲諷，導致企業股價下滑。有些網紅很有影響力，只要轉貼或發文，就可以讓普通的店家一夕成名。網路的功能越來越齊全、速度越來越快。社群網站不斷增加，將來會變成怎樣的時代，未來的人會追求什麼，實在很難預測，每隔幾個月就會有天翻地覆的變化。

以前社會變化沒有這麼快速，公司該生產什麼商品，很快就有正確解答。在貧困的昭和時代，人人都想要現代「三神器」，也就是彩色電視、窗型冷氣以及汽車。工廠只要改善現有產品的規格，就會大賣。電視的畫面變大，銀幕變成彩色、機身厚度變薄、畫質變精細，銷量就會變好。因此，該設計、生產哪些商品，以前我們很容易找到正確解答。

所謂的正確解答，就是在原理上共通且不變的，無論對象或時間有什麼變化。舉例來說，三加六的答案今天是九，明天還是九，這就是學習數學的意義。三不五時都會改變的話，就不是正確解答。所以我們學習科學，就是為了減少犯錯的機率。

以前人總是深信萬事萬物有正確解答，但科學或歷史並不是永恆不變。希臘哲學家赫拉克利特與佛陀都說過，自然的本質不斷在變化，一瞬間都沒停止過。

人類害怕變動、習慣追求安定的生活，所以會信仰永恆不變的神明或真理。找到正確解答，就會有安全感。

在VUCA的時代，沒有永恆不變的正確解答。嚴格來說，本來就沒有那樣的答案，但如今社會脈動加快，正確解答的賞味期限變得極短。在遠古時代，人類與自然共生，得時時刻刻觀察環境的變化。如今科技日新月異，我們再次回到那種沒有正確解答的時代。

藝術教育不應只限於背誦

每首詩都有多重意義，沒有正確的解釋，藝術也一樣。原則上來說，藝術的本質正是在於沒有正確的解答。有些人說：「藝術是探問，設計是解答。」也有人說：「藝術不是為了解決問題，而是提出問題。」不光如此，這些問題都是開放式的，沒有單一而正確的答案。

問題可分成封閉式與開放式，這個差別非常重要。現代人強調言論自由，但有些人在提出問題時，卻又誘導對方回答特定的答案。我認為，這種問答跟藝術無關。「三乘三等於多少」，這是非常清楚的問題，正確解答只有一個，這就是邏輯推論與工業設計的前提。另一方面，在藝術領域中，正確解答不只一個、沒有對錯，而是有各式各樣的解法。因此，找尋答案的過程才會更具有意義。

令人擔憂的是，日本人也很渴望在藝術領域中追求正確的解答。東京「森美術館」的館長南條史生告訴我：「很多老師會跟學生說，藝術作品有很多可能的解釋方式，但課程結束時，還是要考試，請學生指出正確的答案。」這聽起來很可笑，但是仔細想想卻令人背脊發涼。

日本學校裡的美術教育都在教美術史，要學生背誦教科書中的作品，還有其作者及年代。老師將藝術當作知識，並設法塞入學生的腦海裡。教科書中的圖片都很小，學生無法品味作家的技巧及作品的質感。校方也不會找時間帶學生去美術館，以慢慢觀摩作品。雖然有美術課，但老師都會要學生模仿版畫或是素描的範本，當作功課。學生沒有時間去思考自己從中感受到什麼，或是想要表達什麼。

日本教育偏重尋求正確解答，應該是受到製造業所影響。工廠的首要目標，是要有效率地製造出相同的商品。在此價值觀的影響下，每個人的優先目標都是有效率地取得相同的知識，好在考試時做出正確解答。連藝術都變成背誦的科目，而不是在觀賞作品或與自己對話。「哪個是正確的答案？」這種問題象徵了學生的心態。

不過，前面已經提到，藝術本身並沒有正確解答，創作與鑑賞的方式有很多，可以讓我們探索內在諸多的感受。

在這裡我出個作業，請看下一頁的作品，並為它取名。

應該有點困難，所以先給個提示，這三張圖片同屬一件作品。

這是現代藝術家加藤泉的作品，你幫它取了什麼名稱呢？正確解答寫於本章最後。

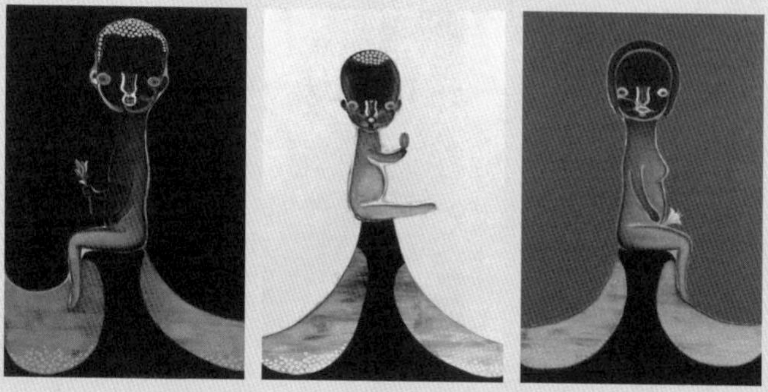

加藤泉
2006年
油彩、帆布
共三張（左右：各194.0 x 162 cm，中央：162.0 x 112 cm）
國立國際美術館藏
翻攝：木奧惠三
(Courtesy Izumi Kato Studio©2006 Izumi Kato)

「令人不解」是創意提案的必要條件

其實在商業活動中，也沒有正確答案可言。只是大家習慣了工廠模式，想複製同樣的答案、套用一樣的流程來提高生產效率，所以才會幻想有正確解方。

在日文中，高階管理人或老闆被稱作「マスター」（master），這個字也可用來稱為「母版」（master copy）。透過母版，工廠就能不斷複製產品，也就是某種形式的正確解答。而既然上司及前輩知道答案，組織就根據其判斷來運作就好。但是，在VUCA時代，這群人就不一定知道答案了，就算有，一個月後也會失效。既然要創新，就要嘗試沒人做過的事，所以上司不見得有正確解答。

任職於大企業時，我擔任過新進員工的輔導員。

當時新人訓練時間約三個禮拜，要學習邏輯思考、組織體制、市場環境以及企業課題等相關課程。最後一天是成果發表，新人要提交自己的研究報告。他們多半為東大、京大、早稻田、慶應等頂大的畢業生，吸收力強，交出來的報告跟顧問公司的資料一般完美，很難想像他們在一個月前都還只是學生。

但是，這些報告完全沒有個人特色。確實，大家都有仔細詳讀教材，並且擬定解決對策。但每一份作業看起來都很像，且內容平淡，沒什麼有趣之處，更看不出他們的熱情。「完全沒有自己的意見！」於是我將報告退還給他們，請他們設法補救不足之處。半個小時後，他們補交回來時還會確認：「這樣改『對』嗎？」這些高學歷的頂尖新人擅長在有標準答案的競賽中求勝，所以比誰都還深信正確解答的存在。

優秀的藝術創作需要花時間去理解，同樣地，可以改變世界的點子也常常跳脫既有的價值觀。可惜的是，公司保守的高層只會說：「聽不懂你們在說什麼！」並駁回創新的提案。但既然是前所未有的想法，一時半刻不能理解才是自然的吧。

當然，不是每個難以理解的事物都可以當成創新提案；但是有創意的提案，一定包含著令人疑惑的元素，也就是說，「不解」是創新的必要條件。只想找正確解答，就很難提出創新的見解，所以我們應該勇於探索未知的事物。如果高層只想要看得懂的答案，還要求下屬要努力找出正確的解答，那只會扼殺創意。

（加藤泉先生作品名為「無題」。）

16.

技術與藝術的連帶關係？

文化改革的啟發與挑戰

> 藝術挑戰技術，而技術啟發藝術。
>
> ——皮克斯創辦人拉薩特（John A. Lasseter）

藝術（art）與技術（technique/technology）本來就有深厚淵源。art源自希臘語的techne，而後者也是technique與technology的來源。在漢語中，藝術與技術都有「術」，也就是techne。

這兩個詞彙的起源相同，但現已分家，它們究竟有什麼關係呢？就從動畫大師拉薩特說過的這句話開始：「藝術挑戰技術，而技術啟發藝術。」（Art challenges technology. Technology inspires art.）

技術能催生新的創作風格

藉由技術的進步，藝術家才有更多創作的契機。新技術有如眼鏡一樣，讓我們的感知及認知產生變化，得以擁有全然不同的體驗。

相機問世後，新的紀錄方式就誕生了，我們可以拍下更多風景與人像。今日攝影器材更加便利，拍攝者跟觀眾馬上就能看到作品，我們的行為模式也跟著發生變化。

現代人旅行時能即刻記錄影像，但都是為了日後能好好回味。比起當下的體驗，拍照更為重要，而透過數位相簿，我們還能「編輯」回憶。除此之外，透過修圖加工的技術，我們能改變畫面的顏色或人物的體型，寫實不再是拍照的唯一價值了。（Instagram 現在已成為虛幻世界的大本營，充滿許多不真實、如幻似真的影像。）

重要的是，技術除了能提升作品的精緻度，也會影響、改變我們的感知。我們誕生於先進的 3C 時代，能輕鬆拍下照片與影像，但感知能力遠遜於沒有文字的皮拉罕族（居住於亞馬遜雨林深處）。而要找回原始時代的敏感度，不是件容易的事。

無論創作者是否接受，但新技術的出現一定會影響到整個藝術界。在近代，攝影與印刷技術進步後，印象派及立體主義的畫家就不再強調寫實與模仿。比起作畫時使用的透視法，攝影能更快速、近乎完美地重現場景。因此，近代畫家開始追求寫實以外的意義，進而誕生出印象派、抽象表現主義等畫派。攝影問世後，面臨失業危機的畫家很多，法國新古典主義派的安格爾（Jean Auguste Dominique Ingres）就曾要求法國政府禁止那項新技術。同樣地，人工智慧與機器人出現後，也有人擔心自己的飯碗會不保。

攝影問世後，藝術界催生出新的畫派。新技術出現後，人們得以重新檢視長久以來的藝術風格與意義，進而創造出新形態的作品與創作模式。

熱愛挑戰技術的藝術家

相片是靜態的，而電影是動態的。電影的英文movie便有「動」的含義。最早的電影是默片，拍攝技術進步後，便可錄製與播放聲音，那時的影片稱為Talkie。技術越進步，觀眾的體驗層面越廣。不過，技術不等於藝術，它只能提供轉化的契機。

拍片技術剛發明時，只用於記錄。電影的始祖是盧米埃兄弟，他們最早的作品就是拍下火車進站的畫面（當時最有動感的現象），然後於布幕上放映。不過，這樣單純的短片還不算是藝術創作。

電影會成為藝術，還有賴於其他技術的發明，包括剪輯影片。拍下畫面後，創作者編排播放的時序、剪接轉換的場面。除此之外，創作者也會移動攝影機，來暗示觀眾有人物即將登場。有了這些編排的技巧，電影不再只是記錄和重現場景，而是能提供觀眾獨特的體驗。

因此，「藝術挑戰技術」意謂著，創作者嘗試各種方法與新技術，在實驗中拓展感官的體驗。有時，就算是古老的技術也能有新意。例如，詩人都會找尋新穎的手法來組織文字，以拓展獨特的詩意與情懷。畫家也會不斷嘗試各種畫布及畫具。由此可見，藝術家熱愛挑戰新技術，以拓展無限的可能。

科技拓展寬度，藝術增加深度

技術與藝術同樣出自於希臘語的techne，它們相互影響，藝術家便得以擴展更多體驗。這個關係可以從外延（extend）與內延（intend）來思考。

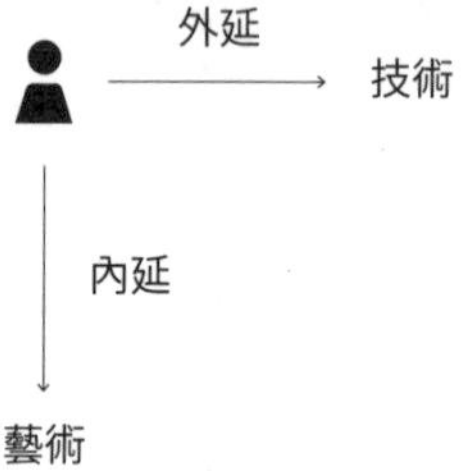

技術與藝術能拓展體驗

透過各種器材，我們能擴展自己的體驗範圍，這是其他動物無法辦到的。隨著科技的進步，人類的感知、行為及人際關係不斷外延。槍的攻擊範圍比徒手大；用望遠鏡比肉眼看的更遠；電話及網路讓我們能與更多人接觸。

但是技術只能拓展範圍，不能增大體驗的強度。事實上，隨著科技的普及，人類的感受力與敏感度卻變弱了。雖然用電話及通訊軟體能溝通，面對面交談的感受更深刻。我們能在電視上看到世界各地的景象，但比不上實際到當地參觀；跟後者相比，前者只是拙劣的複製品而已。

透過各種新技術的使用方式，藝術家努力拓展不同的身心體驗。技術用來擴展寬度，而藝術是為了探索深度。兩者交會之下，我們就能得到更強的感官體驗。

在日本一提到創新，大家都會想成是技術上的革新，除此之外，文化創意也得跟上腳步。新技術只能提供契機，想要產生新的體驗及文化，就要靠著藝術的深度。

我在企業講課提到創新時，學員們就會想到ＡＩ、機器人、生物科技、區塊鏈等新領域。不過，單靠這些技術，還不足以產生創新的觀念與產品。

Facebook與Twitter的誕生與普及，關鍵不在於革命性的技術。從科技層面來看，類似的服務只需要網路及網頁就可達成，而相似的社群網站之前就已存在。它們的成功與創新之處，就在於「實名制」、「按讚」、「有字數限制的短文」等新的溝通文化。

19.

於新事業中加入藝術思考？

創業的首要工作是找到
獨一無二的特性

我們從何處來？我們是誰？我們往何處去？

——高更

這十幾年來，我在各種規模的企業中負責開發新事業。

・員工人數超過二萬人的超大型企業NTT docomo
・員工人數二千人左右的大型新創企業DeNA
・員工人數二百人左右的成長中新創企業LANCERS,INC
・員工人數起初只有十人的自家公司uni'que

我服務過的公司規模差異很大，當時我不是顧問，而是實際的執行者。開發這麼多種新事業的人不多，所以我創業後，有接到許多公司與創業者的諮詢。

我曾在大企業負責開發新事業，而目前也在經營新事業。我發現，大家對於新事業有許多誤解（妄想？），還以為有點子與熱情就可以成立，這完全是錯誤的。

新事業成立前，先決定要達成的目標

我自己成立公司後才更深刻地了解，創業與在企業成立新事業部門完全是兩碼子事。

兩者最大差異為「擁有權」。創業家擁有公司的股份，基本上能以自己的意見來做決策。但是，在企業內負責開發新事業時，即使身任主管一職，但因為沒持有股份，所以做起事來綁手綁腳。同樣地，創業家成立公司時，股份百分之百若在他人手上，就無法自由地戰鬥。創業初始，一定會出現營運赤字，只要資金運轉沒問題，事業就能持續下去。

但是在企業內，主管再怎麼用心經營，只要高層大聲喊停，業務就得結束。另外，執行業務的成員都是公司安排的，職務調動時，不見得會詢問本人或部門主管的意願。新部門得遵從高層指示，而公司資源有限，也得跟其他部門競爭。

有句話說：「藝術家的首要客戶就是自己。」對創業家而言，這句話也可通用。但是在企業內負責開發新事業時，首要客戶是公司，需要確認各種工作流程及規定。

這部分與藝術思考無關，所以本書不做詳述。當我接到來自企業的委託，準備研擬新事業時，有三項事情要先做：確定該事業的任務、價值以及狀態（階段）。此三項不明確的話，事業發展就不會太順利。

首先，任務要有期限以及完成目標，也得有相關規定。所以我會先問委託方：「為何要成立新事業呢？」

對企業提出這個問題時，我得到的答案通常是業績和收益。但是深入了解後，我常發現那些都不是第一目的。除了業績，企業開發新事業的目的還有：提升品牌形象、徵人、宣傳、培育管理階層或是落實組織年輕化等。但它們沒有決定優先順序，只是憑感覺就想開發新事業。

還有更嚴重的情況。有些老闆幻想著只要成立新事業，就能一次達成多種目的。

但是，仔細思考就會發現，這些目標有很多是互相牴觸的，不可能同時做到。

例如，業績與收益常常被歸類在一起，但其實是不同的目標。有些管理者認為：「只要能提升業績，就算是淨利率低的生意也做！」不過高科技產業很重視淨利率，只要低於百分之五，就會當成是應該放棄的業務；獲利那麼少，做了也沒有意義。當然，也有不少小公司認為，只要每個月能獲利兩萬塊台幣，那生意就可以做下去。

沒有獲利、會帶來虧損的業務不一定沒有意義。只要能獲得大眾青睞，對於公司整體的發展以及形象有貢獻的話，有些業務沒有業績也無所謂。

因此，新事業的成功或失敗，就端視管理者從哪個角度去看。特別的是，有些業務執行不到一年，就被管理者判定「不合預期成果」，但多年後卻開花結果。

對新事業發展要有合理的期待

藝術與商業活動的最大不同之處在於，後者有既定的期限與規定。因此，執行業務時一定要意識到時間。

人們常說「事業有生命」。嬰兒誕生後，經過一連串的學習，終於長大成人，邁入社會賺錢，接著退休老去。時間是非常重要的元素，但是很多經營者都會忘記事情的輕重緩急。我這邊以一個故事為例。

某個有錢人家期待很久，終於迎來家中的新生兒。其父親是家財萬貫的紐約客，在外資證券公司擔任董事，因為老來得子，所以非常疼愛這個小孩，希望將他培育成與自己一樣的成功人士。

孩子上學後，他花費大筆金錢，請來哈佛大學的明星教授擔任家教，一年下來，每週好幾天讓小孩接受嚴格的菁英教育。

一年後，他居然對兒子說：「我花了這麼多錢跟精神在你身上，你卻一毛錢都賺不了，真是失敗。」

無論是誰，就算沒有生養過小孩，都會覺得這個父親太愚昧了。表面上看來，這是個荒謬的笑話，但在商業領域中卻有許多類似的案例，很多管理者都有這種不講理的態度。

開發新事業時，眾人總是充滿期待，希望為公司帶來新氣象。但新事業就像是嬰兒一樣，誕生後再怎麼細心培育，還是很難百分百控制它的發展。

我們希望將藝術思考用在開發新事業。但公司的各項運作是有期限及相關規定的，所以要展開如藝術創作一樣的新事業時，需要縝密思考。

期限與約定

前面說過，再怎麼荒謬的家長，也不會要求未成年的小孩要馬上賺錢養家。不過，請大家不要誤解，在某種情況下，我們可以期待孩子受教育一年後就能馬上有回報。

公司沒有獲利，就無法持續營運下去。為了給股東、員工與客戶等利害關係人有個交待，業務負責人必須提出成果。因此，公司得為每項活動設下期限。雖然新事業就像是嬰兒，但也不能花二十年來培育，等到它能賺錢。新事業在一兩年內沒有明顯獲利的話，相關人員就會被趕下來。

不過請放心，新部門要馬上有亮眼的成績，並非不可能的事情。仔細想想關鍵在哪？沒錯，就是不要糾結於「新事業」或「新生兒」。

父母想要孩子趕快回報教養的恩情，只要領養快成年的哈佛學生就好。善用資源，讓他接受正常的教育，投資的錢一兩年後就能得到回報。

不過，在商業領域，年齡的意義有兩種。新部門成立後，經過多少時日才有成果，這是一種算法。還有一種是市場年齡。有時我們成立新事業時，不確定市場需求有多大（甚至前所未有），那這就是從零歲到一歲。另一方面，有許多業務市場已經成熟，業績及效應非常清楚。

從經營的角度來看，領養就是收購其他公司或是複製一樣的生產流程，加入已成熟的市場，不斷投入資金及資源。

因此，開發新事業不一定是從無到有。對企業來說，加入已成熟的市場有其正面的意義。若想於既定的期限內獲得高營收，那就不需要從嬰兒期開始培養，而是直接領養優秀的孩子就好。因此，成立新事業，一定要事先確定公司對它的期待及期限。

透過藝術思考來找出企業的個性

決定了期限以及想要多大的「孩子」後，就要挑選新事業的類型。無論是自己生或是去領養，最重要的是要適合自己。不管是要從零開始，或是想併購其他公司，企業得先找到自己的特有價值與基礎。若要成立全新的業務單位，那就得突破重重阻礙，力求對公司整體的營運有利。不適合公司的新部門，前途一定很坎坷。勉強進行無謂的多角化經營，反而會傷害本業。

公司在開發新事業時，除了進行市場調查外，還會找人研究當前的社會脈絡，比如區塊鏈及人工智慧等前端的技術。但是以這些外部資訊為基礎的新事業，成功機率通常不高。

原因無他，其他公司也是朝著同樣的方向前進。大家都能得到外部資訊，只要經過合理的思考，都會做出像面紙那樣大同小異的商品，而消費者也只會覺得「無論哪牌都行」。

不考量公司的獨特情況，業績就無法高於他人。我常說，除了新穎、有創意，更加重要的是有特色。在這個快速變動的時代，新點子很快就會被抄襲，沒過多久，消費者就會覺得了無新意。所以產品的重點在於與眾不同，即使遭到抄襲，也依舊走在時代尖端。

在大企業中，新事業部門的資源都是借來的，與個人創業和藝術創作不同。部門的各種決定需要得到多人同意，因此主管時常得放下自己的初衷，轉而依靠外部數據和世俗標準。

正因如此，新事業部門的首要任務是找出公司的特點。

我指的不是各個員工的特色，而是企業的性格。企業跟人一樣，有其他公司無法模仿的特色，有自己的價值及使命。

許多企業會立下願景、任務、價值，但內容都跟其他公司差不多。要確認管理階層是否了解公司的獨特性，方法很簡單，只要將你們的目標及價值套用在同業身上就可以了。

這裡不妨做個練習，寫下你任職公司的使命與價值，看看是否能套用到其他類似的公司。如果答案是肯定的，那些內容可以當成其他公司的目標，那就要小心了。它們的價值就跟「世界和平」差不多，每個人都說得出口。許多企業會把自己的使命寫得非常動人，但都不是自己專屬的價值。管理者若用這種方式經營公司，那一定做不出優異的決策，只能與其他公司朝著相同方向前進。

這些原則有比較嚴格，但因為新事業部門的資源是「借來的」，除了觀察市場需求，同仁更需要審視公司的整體情況，以此為前進的起點。

14.

藝術的特點在於難以預測？

人生的意外與
挫敗有其價值

> 發生意想不到的情況時，人們總想扭轉局勢，但很難如願，因為意外是從人的內心先流露出來的。
>
> ——畢卡索

藝術有變革、科學有新發現，那麼當前的文化與常識就會被推翻。大家也會因此改變對世界的看法，但這些變革往往不在任何人的計畫中，也無法預測。就像蘇格拉底所說的，「驚奇」（thaumazein）是哲學探索的起源。意料之外的轉折出現後，人的價值觀也會大翻轉。

新媒體藝術家藤幡正樹提到，出乎意料的發現，往往能帶來許多啟發：

有時人們會突然發現，今天與昨天好像有什麼地方不同。也會開始思考，人類與動物的差別在哪裡？月亮與太陽是如何運行？像這樣靈光一閃的契機，常常都是意外出現的。

這段話出自於〈一切皆始於發現〉，發表於「科學宇館準備室」網站，文章寓意頗深，值得一讀。

「意外」這個詞通常不太用於正面的情況，在工廠裡更是不能有差錯。所以，在商業領域中，意外並不受歡迎。不過，只要是科學、思想上的意外發現，就能給眾人帶來許多啟發。

藤幡教授接著說：

人總是偶爾會想到：「為什麼我會在這裡？」在這個死板的世界中，想要找到轉變的契機，就要留意那些突如其來的意外發現。

在無意識與偶然下才會有新創意

藝術會不斷演進，時常有新的派別出現，這都要歸功於藝術家的探索與嘗試，藤

傑克遜・波洛克（Jackson Pollock）

（Munson-Williams-Proctor Arts Institute 館藏／畫像提供：Aflo）

幡教授說：

聽起來像套套邏輯。各領域有新發現後，就會被當作知識，並歸納成一套方法。日子久了，就得有人試圖去找到更前衛的觀念與知識，而這就是藝術家的任務。

為了找到前衛的想法，藝術家需要在無意識及偶然的情況下獲得啟發。要超越當前對世界的認知，就得突破個人現有的意識與觀念，不讓它們變成阻礙。

超現實主義的藝術家會在意識不清的狀態下念詩，或是以異常的速度撰寫「自動筆記」，來創造出超越既有美感及道德觀的作品。美國畫家波洛克（Jackson Pollock）將顏料潑灑或滴落在畫布上，以即興創作來超越傳統的寫實及構圖方法。杜象在〈三個標準的終止〉（3 Standard Stoppages）中，充分展現偶然性，讓創作者解開所有的束縛。美國藝術評論家湯姆金斯（Calvin Tomkins）在〈杜象〉（DUCHAMP）一文中提到：

> 有時，我們發掘到新事物時，不一定會馬上知道它的重要性。大多都是後來才找到答案。〈三個標準的終止〉給我很大的啟發，讓我擺脫以前的舊觀念。

努力過生活，才能迎來偶然的轉變契機

意外的發現也好，或是在無意識以及偶然狀態下獲得的啟發，對於照本宣科的工廠思維來說都是瑕疵，必須盡可能地排除。但在藝術活動中，反而會帶給人戀愛或是

受到挑戰的心情。

在管理學中，有一工作流程稱為「PDCA」（規劃〔Plan〕、執行〔Do〕、查核〔Check〕、行動〔Act〕），它是個死板的流程，而創新的契機總是來自偶然及意料之外。

一九六八年，3M的研究員席佛（Spencer Silver）想要研發強效的黏著劑，但經歷了多次失敗。過程中，他意外做出一種看似無用的黏著劑，雖然可黏住東西，但輕輕一撕就會掉下來。他的同事傅萊（Arthur Fry）想到，這個失敗作品也許能用於便條紙上。沒錯，便利貼就這麼誕生了。

透過邏輯及正統的設計原則是無法想出這種點子的。再怎麼分析和研究目標客群，也不會發現「可輕易撕掉」的優點。這是在偶然、意外下發現的用途。從失敗作品找到新點子的案例不勝枚舉。諾貝爾化學獎的田中耕一及醫學獎本庶佑，都是在偶然間做出突破性的研究成果。

在商業活動中，我們會盡量遠離無法預測的事情，但這麼一來，就無法誕生出意外的好點子。

像便利貼一樣的意外發明非常多，大家也認同這個論點，但在日常生活中，還是忍不住想按照計畫行事。只要發生出乎預料的事情，我們就會感到不悅，覺得自己失敗了，還想要當作沒發生過。即使它有可能會成為創新的契機，但還是不希望它出現，只想盡快回到正軌。

重要的是，預想外的事情發生時，要能樂在其中，慶幸自己發現了新視角；最好像陷入熱戀一樣，享受這一切。

偶然發生的事情要好好利用，它們對工作及生涯規劃都很有幫助。各位有聽過「善用機緣論」（planned happenstance theory）嗎？這是史丹佛大學的心理學教授克朗堡茲（John D. Krumboltz）所提出的生涯規劃理論。

克朗堡茲訪談了許多成功的商業人士，並研究分析他們的生涯規劃，最後發現，當中有八成的人都是因為偶發事件而改變人生。

這個比例相當驚人。先不論成功的定義，至少對這些人來說，人生重要轉折都是偶然發生的，像大學聯考失利或是意外求職成功。那大家不免懷疑，那努力奮鬥是為了什麼？

關鍵在於善用偶然或是失敗的契機。當然你也能捨棄它，但這就是人生的分歧點，就看你本人如何去面對。

透過善用機緣論，我們便可理解，想擁有美好人生，不能光是消極等待，而是要積極行動，注意周遭發生的事情，增加偶然機會的發生。

日本的工廠模式也包括終身僱用制。在昭和時代，很少人會中途換公司，從名校畢業後進入企業，就按照既定的生涯規劃前進。但在我周遭有許多各行業的好手，都是因為碰上偶然的契機才有今日的成就。有的人在大學落榜後改變人生志向，因而出頭天。由此可見，失敗或意外往往是人生的分歧點。

努力不見得能考上名校，這世界沒有百分之百的成功法則。無論多努力，只要身體突然不適或發生不可預測的事件，一切都會成空。每件事情都有偶然的一面，與其負面看待或逃避它，不如好好面對。

不管是上班族或企業管理人，總會遇到偶然、出乎意料的事件，並導致他們人生大大翻轉。事後想起，當事人難免會覺得那是命中注定的好運氣，而自己也會煥然一新。只要發生那樣有影響力的事件，我們就會牢牢記在心裡。

最後，不妨將最近在工作上的挫敗或是突發事件寫下來，想想看它帶給你什麼改變的契機？

對於講求效率、追求正確解答的人來說，欣賞詩文或藝術很浪費時間，甚至難以理解。但在思緒困惑與波動的時刻，充滿活力的新價值會油然而生，這就是詩文與歌曲的功用。

3.

「藝術思考」充滿詩意？

享受困惑的片刻

漫步於這座城鎮，各種建築物群聚於城鎮中；有的沉默不語，有的滔滔不絕。還有一種最為罕見，用心才會發現，它正在歌唱。

——法國詩人瓦勒里（Paul Valéry），《歐帕里諾斯》（Eupalinos）

在商業領域裡，有五花八門的思考法，各有其獨到之處，且無分優劣。隨著目的不同，適合的思維也不同。最好擷取各種派別的特點，並找到適用的地方。

舉例來說，邏輯思考適用於說明文；設計思考適用於撰寫廣告文案；藝術思考能用來寫詩。這三種文體都是用相同的文字寫成，但是目的、功用及效果皆不同。

最淺顯易懂的是說明文，寫作者應使用常見詞彙，文法要簡單，傳達的訊息要正確，好讓各程度的閱讀者都能理解當中的道理。這些文體包括電器使用說明書。為了讓最多人吸收到知識，不需講究用詞有多優美，正確性才是首要考量。

而廣告文案不僅需要正確性，文字的美感也很重要，用字遣詞及讀出來的感覺，

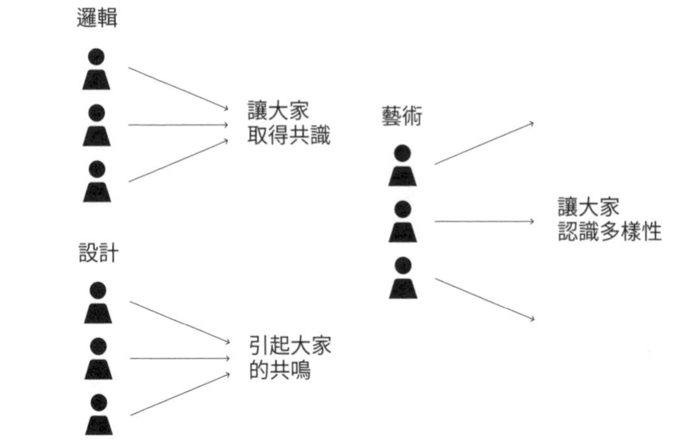

邏輯、設計與藝術分別要達成的效果

會影響宣傳的成果好壞。好的文案可提升企業形象，讓顧客對產品產生好感，提高對品牌的忠誠度。廣告的目的是為了引起大家的好感與共鳴，說明文的目標是要得大多數人的理解，兩者都是為了發揮最大的影響力，引導大家往同一個方向前進，藉此解決問題。

當然，撰寫說明文與廣告文案時，要考量每個人的理解力不同。大人與小孩的思想和感受不同，對同一段文字的解讀就有差異。不過，小孩只要語言能力提升，就可以理解那些文章。

但很多人都難以理解詩文的意義，而且各自有獨到的見解。因為詩文不是為了讓大家有一樣的看法或感受，不像說明文及廣告文案那樣好懂。

讀者的背景不同，就會有自己的解讀，如此多重意義正是藝術的特徵。

在相同的語言下，只有詩文會產生如此多不同的含意。為了讓大家更容易了解藝術思考，接著請看看下列詩文的修辭範例。

詩的三種特徵

經過多少時代／有過茶色戰爭
經過多少時代／冬日疾風橫掃
經過多少時代／今夜此處一陣喧囂
今夜此處一陣喧囂

馬戲棚內的高大樑木
吊掛著一個鞦韆／似有若無的鞦韆
倒掛著垂下雙手／髒棉布的棚子底下
搖啊、搖唷、搖啊搖唷
鄰近的白色燈火／如廉價絲帶吐息（輕嘆）
觀眾皆為沙丁魚／與喉聲嘶鳴的牡蠣殼
搖啊、搖唷、搖啊搖唷
棚外一片漆黑，比夜更深的黑／夜色更濃了
伴隨著降落傘這傢伙的鄉愁
搖啊、搖唷、搖啊搖唷

這是日本二十世紀詩人中原中也所寫的詩，名為「馬戲團」，我們可從中明顯看出三個特徵。

第一個特徵：不合常理的文字組合

像是「茶色戰爭」或是「觀眾皆為沙丁魚」等句子意思都很模糊，不像說明文一樣淺顯易懂。閱讀的人不同，就會出現不同的見解。這是因為詩人故意使用不常出現的文字組合。

「茶色」通常不會用於形容戰爭，但「悲慘」就很容易理解了。這種不合常理的用法，能讓文句衍伸出其他含意。讀者也不免會思考「茶色的戰爭究竟是什麼意思」。

除了詩文，其他藝術創作也常有這種異常的組合。對於超現實主義者而言，把一台縫紉機和一把雨傘放在解剖台上，是很有意義的。這種技法稱之為「對照法」（dépaysement），就是把物品放置於不尋常的環境，以創造出落差感。美國作家柏洛茲（William Burroughs）發明「剪輯寫作法」（cut-up technique），刻意破壞常見的文字組合，來試圖擺脫世俗的意義。

第二個特徵：擬聲詞

擬聲、擬態詞也常出現在詩文中，詩人想讓讀者感受到不同的閱讀體驗。擬聲詞與日常用詞不同，不是用於傳達意思，像「搖啊、搖唷」這一段，只是想讓讀者感受到盪鞦韆的感覺。

第三個特徵：押韻

寫詩講求聲韻。說明文是散文，作者得準確無誤地傳達內容。相較於此，韻文更重視節奏及朗誦時的音律感，比如「經過多少時代」這個句子就出現三次。日文詩有「七五調」的字數規定。使用一樣的韻腳，閱讀時就會有韻律感。

詩文不是用來傳遞意義，而是觸發特別的感受

再強調一次，像是說明文及廣告文案，重點都在於讓讀者接收到相同的意思，從這個角度來看，「不合理的文字組合」、「擬聲詞」及「韻文」等技巧都用不上。

要讓讀者產生共鳴，就要使用常見的詞彙，才能有效傳達的訊息。像「茶色的戰爭」這樣句子就很難解讀，而且每個人的看法都不相同。

事實上，詩人的意圖就是要瓦解常見的意義。碰到難以理解的事物，總會令人困惑不已，但正好讓我們重新審視這些詞語的意義。

不妨試試看，找出各種形容詞，如黑的、方正的、長的、苦澀的、黏黏的、沉重的……等，想想哪個最能表現你自己的狀態，不合常理也沒關係。在美學或是藝術理論中，這種方法被稱為「突顯化」。

生活中接收到的資訊，我們大多都不會留意，如空氣一般視而不見。

想想看，你記得自己辦公室牆上的裝飾品嗎？在大街上遇到上週剛說過話的店員，你能認出來嗎？

生活中有許多事物，我們都會當作不重要的背景，而沒有好好體驗一番。許多人會把火車當作通勤的工具，卻沒有注意過車廂的細部模樣（除了鐵道迷）。同樣地，我們都把辦公室當作工作地點，沒有想過它的設計風格。

我以前在建築業工作，所以才知道，建築師其實也會用「突顯化」的技巧。他們經常以不合常理的方式搭配建材，以此來改造容易被忽略的空間，進而重新引起人們注意。

我來創作一首詩：

這麼說來，韻文的特色，就是沒效率；
這麼說來，沒效率的文章，就是韻文。

從這樣的句子就可看出，用韻文來傳遞意義是非常浪費時間的。重覆語句、對調順序，只會降低人們的理解速度。

雖然韻文（與擬聲詞）傳達資訊的效率不高，但它們會一起對身體產生影響。欣賞詩文時，應該要朗讀出來，而不是用頭腦思考。透過詩文的韻律，就能喚起身體的感覺。在散文中，重複的句子唸起來很不自然。但在詩文和歌曲中，反而有一番風味。

在書本上，重複的句子會讓讀者感到冗長又煩悶。但在詩文和歌曲中，文字得到節奏和韻律，讀者就能用身體記住它們。

詩人用迂迴的方式傳達意義，透過「突顯」、「擬聲詞」及「韻文」等技巧來影響讀者，讓他們產生具體的感受。每天我們帶著面具、默默無聞地生活，而詩歌能碰觸到我們內心深處，進而產生獨特的體驗。

邏輯思考用來寫說明文，設計思考用來寫廣告文案，而藝術思考用來寫詩。前兩者是為了產生共識與共鳴，而後者是為了創造體驗。藝術思考與詩文一樣，都是為了喚醒獨特的體驗，它不拘泥於常識，也無關世俗的利益。

思考類型	應用體裁	目的	讀者感受
邏輯思考	說明文	達成共識	豁然開朗
設計思考	廣告文案	引起共鳴	與他人有共感
藝術思考	詩文	多樣的感受	困惑不解

20.

藝術思考是培養細菌？

創造新價值，
而非消耗現有資源

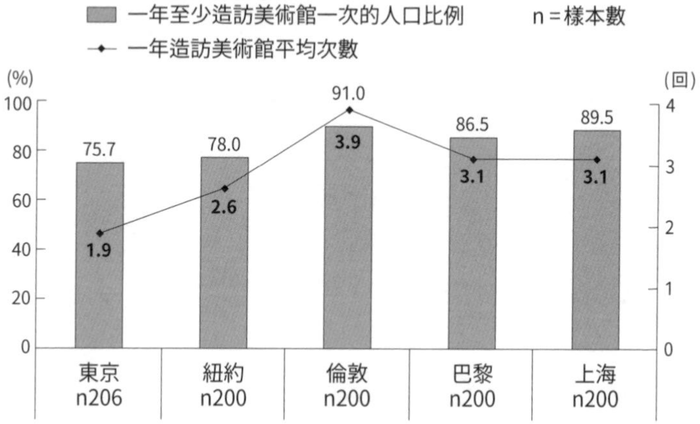

一年至少造訪美術館一次的人口比例（2007年／森大廈株式會社）

所謂的藝術作品，絕對不是與他人討論後做出來的，也不是與社會討論後做出來的。

——中原中也

許多日本人都覺得自己看不懂藝術，甚至敬而遠之。根據二〇〇七年地產開發商「森大廈」的調查結果顯示，與世界各大都市相比，住在東京的人接觸藝術的機會較少，在所有都市中敬陪末座。

類似的調查也指出，日本人用

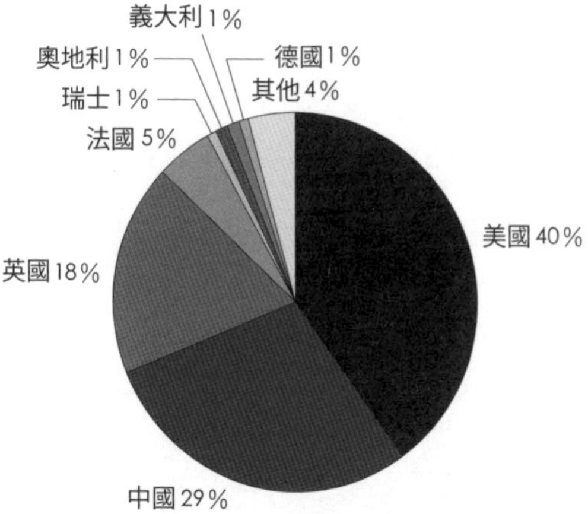

2018年世界藝術市場的各國市佔率

（出處：The Art Basel and UBS, Global Art Market Report 2019）

於藝術的花費也很少。全世界藝術市場規模明明有七兆日圓，但日本藝術市場卻佔不到百分之一，只有兩千五百億日圓左右。與其他先進國家相比，美國為三兆日圓、中國及英國的藝術市場則有一兆日圓以上。諷刺的是，線上遊戲的世界市場規模為十五兆日圓，其中日本市場就佔了二兆日圓，佔比超過一成，緊接在美國、中國之後，位居全世界第三名。也就是說，日本人對於藝術的花費只有線上遊戲的十分之一而已。

推廣藝術思考，讓老化的社會回春

日本社會老化了，這不單指國民的平均年齡，還包括我們的成熟度。

在少子化的影響下，人口漸漸減少了，以現在的氣氛來看，社會成長期已結束。雖然國家不至於崩潰，但上了年紀後，許多做法與想法會依附現存的制度，形成僵化的社會。

消費是消耗已知的事物，而培養是創造未知的事物

社會依賴現有的價值觀，受到消費市場所控制，就會不斷產出類似的事物。

一開始，我們的消費型態是著重於日常用品的「物質消費」。沒多久，我們開始享受如看電影、旅遊等「體驗型消費」。接下來還出現了「情感型消費」，消費者付錢不只是購買商品，還要展現他對生產者的支持。

在漢字中，「消費」是由「消失」與「花費」這兩個字組成，包含消耗或用盡各種資源，如「消耗電力」、「花光錢財」等。它的英文是consume，con是「完全」，而sume是「拿、取」。因此，消費的意思就是「使某事物消失」。

在物質消費的情況下，我們花錢買東西，接著使用它、甚至用壞它，之後它就會消失。但是在進行體驗性消費與情感型消費後，有什麼東西消失了嗎？

消費的反義詞就是生產。在消費活動中，消費者將生產者製造出來的價值消耗掉。換句話說，價值從生產者移動到消費者身上，在後者使用下就消失了。於是社會的價值總量逐漸減少。

一般消費者常說的「CP值」，以專業術語來講，就是「投資報酬率」(Return on Investment，簡稱ROI)。簡單來說，它是投資與獲利的比例，也就是效率性，其數值越高，價值就消失越快。

在CP值的可怕影響下，社會大眾會把資源集中於簡單明瞭的既有價值，阻斷所有未知情況，不再探索可能的價值。也就是說，客人在決定付錢時，只想要確保這筆交易夠划算。他們只想買到「已知的價值」。相對地，沒人會買「價值未知的商品」，若它不能帶來可觀的益處，那CP值就很低。

這種心態不只左右消費者，也會影響生產者的決策。製造商會不斷尋找消費者最喜愛的價值，以提高CP值。某項商品確定能受到消費者青睞的話，相似的東西就會不斷被製作出來。

依照CP值的原理，消費者會把錢花在符合既有價值的事物，而生產者也會不斷製造類似的商品。這個循環會不斷繼續下去……就像是通貨緊縮一樣，價值總量逐漸減少，最終耗盡枯竭。

觀察我們的電視生態就可以知道，這種大規模的重複消費及惡性循環是怎麼產生的。

電視台喜歡根據小說來改編日劇和電影，而為了提高票房，演員得上各大節目宣傳。有些新聞節目毫無知識性，只會不斷播出八卦新聞，設法吸引觀眾的目光。結果，各個節目的內容大同小異。當然，也有人批評電視台只顧收視率，但這不只是製作單位有問題，觀眾也不在乎節目的品質，只想看充斥著知名藝人、低俗議題及無腦謾罵的節目。也就是說，觀眾依循已知的價值來選擇節目，才會造成這種結果。

數位科技不斷在進步，複製及生產的成本因此大幅降低。事物一有消費價值就會爆紅，接著各家廠商投入生產，消費者繼續購買大同小異的商品。這個惡性循環加速後，價值也消失得越來越快。

每年都會出現數以百計的「一片歌手」，爆紅了一陣子後，就消失在螢光幕前。就連體驗及情感型消費的價值，也在民眾的淺碟心態下，轉眼間耗盡。幾百年來，人類將石油等自然資源消耗殆盡，那可是數萬年累積出來的。同樣地，數千年來古人創造的文化資源，也快被消磨光了。

因此，從藝術思考的角度來看，與其大量消費，我們更應該把力氣用在培養新的觀念與產品。

從字典來看「培養」的定義。第一，它可以指「用心栽種花草樹木」，也可以指養成事物基礎，如「培養實力」。其次，在科學上，我們會以人工方式培植細菌、細胞、農作物及家畜。

它與「消費」的最大不同之處在於，沒有任何事物因此消失。從字面上可得知，「培」就是堆土，「養」就是養育，過程中，事物以及其價值會增加，比原本還要多。

這要怎樣才能辦到呢？關鍵就在於掌握「未知」的因素。

在消費行為中，我們是在享受和搾取已知價值，但在培養活動中，我們可持續觀察未知的價值如何生成。當然，我們也不能騙自己，胡亂找個價值來搪塞。

藝術就像培養細菌一樣

藝術是一種變化無常的活動，是為了推翻已知價值，而催生出獨一無二的個人特色。新藝術誕生時，大家還看不出它的價值。諷刺的是，無論再怎麼優秀、創新的作品，在既有的框架下都難以得到好評，而被當作垃圾一般對待。

等到這個未知作品與它的新意義漸漸得到社會認同後，便會水漲船高，全新的價值觀隨之出現，社會的價值總量也提升。這跟消費的效應相反。

藝術能啟發人心，並產生一連串的未知效應。沒過多久，社會又會誕生出陌生的新作品。

順帶一提，培養的英文為culture。這個詞很有趣，有各種意思。當作不可數名詞時，有「教養」的意思，所以有教養的人就是a man of culture。此外，我們還會用它來指國家或某個時代的文化、傳統與精神文明，如Greek culture（希臘文化）。culture也可以用來指某個領域的訓練原則，如physical culture（體育文化）。在生物領域方面，culture則可以用來指栽培作物、培養細菌，如culture of cotton（綿花栽培）。

由此可知，culture這個字有如此多種含意，而其共通的概念就是「養」。它的拉丁語源colere是耕種的意思，所以文化是需要耕耘和培育的。而從「培養細菌」這個意義來看，藝術宛如自體繁殖的細菌，在傳播的過程中，進入他人的想法與心靈。某一天，這些細菌會在某人身上發作，因而誕生出新作品。

10.

藝術的本質就是變化多端？

以冒險精神挑戰
「眞、善、美」等傳統的價值觀

所有創造的過程皆始於破壞。

——畢卡索

藝術讓人難以理解，原因在於它變化多端。

米開朗基羅、畢卡索及塗鴉教父班克斯（Banksy）的作品皆被稱為藝術，但是觀賞後內心被喚起的情感截然不同。很多人都覺得，〈米洛的維納斯〉是件美麗的雕像，

會田誠〈果汁機〉

（2001／畫布、壓克力顏料7290×210.5cm／
攝影：木典惠三／高橋龍太郎收藏
© AIDA Makoto Courtesy at Mizuma Art Gallery）

但看到日本前衛藝術家會田誠的〈果汁機〉，大家都會感到不舒服吧。這兩件作品風格迥然不同，卻都是藝術。大家去美術館時，總是期待看到優美的作品，但是看了會田先生的作品後，卻感到一

頭霧水，不懂為何這也能擺出來展示。

每個時代的藝術都是爲了超越前人而誕生

雖說都稱為藝術，但它從古至今經歷了各種變化。

羅馬作家老普林尼在他的《博物志》中寫到繪畫的起源。士兵前往戰場後，短時間無法見到戀人，所以只好帶著對方的畫像。這個神話真假難辨。然而，在法國拉斯科等地的古老

拉斯科洞窟壁畫

洞窟裡有真實的壁畫，從中可看到人手形狀的拓印，還有許多動物的模樣。它們就像替代品一樣。以前的人思念戀人，或想要什麼東西，就只好先畫下來。而有些民族在狩獵前，為了向神祈禱，也會在壁畫上創作。

〈基督與十一世紀的君士坦丁九世夫婦〉，鑲嵌畫

隨著文明演進，信仰漸漸成形，人類建造了埃及金字塔及希臘神殿，將神明或君王畫成壁畫或做成雕像，並當作膜拜的對象。

在那之後，基督教等各大宗教都會善用藝術創作來傳達理念。雖然我們看不到、摸不到神明，但透過藝術的力量，就能感受到祂們的存在。對不識字的民眾來說，也能藉此接收教義。

進入中世紀後，有權有勢的王公貴族開始與教會爭奪權力，為了表現自己的威嚴，他們前去尋求藝術家的幫助。當時藝術家的金主都是貴族，為了呈現這群人莊嚴與華麗的姿態，得用上十分精緻的筆法。

接下來在文藝復興時期，義大利建築師阿伯提（Leon Battista Alberti）將透視法發揚光大，畫家因此更能準確地重現場景。當時也是人文主義興起的時代，在義大利畫家瓦薩里（Giorgio Vasari）等人的影響下，大家開始認為，藝術也是一種高超的技能，而藝術家的地位也提升了。畫家繪製自畫像也是始於此時期。

到了十九世紀，現代藝術的畫家則更上一層樓。他們認為，藝術主體為創作者。在古典時代，藝術家只是工匠，只為了國家和宗教而服務。到了中世紀，畫家變成王公貴族的屬下。直到文藝復興時期，藝術家的天賦得到認可，地位才大幅提升。創作者開始有自主性與獨立性，不再倚靠貴族的資助。他們秉持專業，以自立、自律的精神往創作的目標邁進。

米開朗基羅，〈自畫像〉

（美國大都會藝術博物館館藏）

慢慢地，藝術的宗旨由寫實轉向自由發揮，特別是探求個人的心靈世界。因此印象派畫家不會仔細畫下人物或風景的細節，而是呈現他腦海中的印象。畢卡索甚至放棄透視法，把多個視角呈現在一幅畫作上。

除此之外，現代畫家的創作主題也變化多端。超現實主義派受心理學家佛洛伊德的影響，主張作品要超越表面的個人意識，以呈現內心的潛意識。抽象派畫家則試圖排除主觀視角，轉而描繪線條與圖案。

莫內，〈印象・日出〉

（瑪摩丹美術館館藏）

畢卡索〈亞維農的少女〉

（Picasso, les Demoiselles d'Avignon, oil on canvas, 1907, MoMA©2022 Succession Pablo PIcasso）

到了近期的後現代主義藝術，創作者甚至不再強調自己的獨特之處。前面提到，杜象以現成品為創作主題。也就是說，作品不一定是藝術家親手製作的。有的藝術家強調即興的元素，如波洛克的潑灑畫。美國藝術家岡薩雷斯—托雷斯（Félix González-Torres）在展出作品〈無題〉時，會與觀眾互動，請他們將現場的銀色包裝糖果帶走。岡薩雷斯—托雷斯於一九九六年因愛滋病英年早逝，此作品在他去世後也常被展示，讓人省思創作者的身分與定義。

本書不是美術史專書，僅能簡單、快速地敘述大略的走向，讓讀者了解藝術的多樣風貌。

藝術變化多端，難以用語言定義，也令人難以理解。換個角度看，變化就是各大藝術領域唯一的共通特質，可說是藝術的本質。

雖說如此，但不是所有事物都能成為藝術。美學家佐佐木健一於《美學辭典》一書中，如此寫下藝術的定義：

為了改善自己的人生及環境，人類會改變大自然的狀態。從廣義來看，這種活動也可稱作是藝術。

創作時，藝術家不應受限於事先設想好的目的。他們隨時都在嘗試去克服技術上的困難。他們也有冒險精神，勇於超越現狀，並試圖把藝術的理念推廣到大眾身上。

由此可知，藝術就是在不斷超越的過程中前進。印象派要去除寫實色彩，抽象派要隱藏創作者的特性，而後現代主義甚至要挑戰藝術。每個時期的藝術家都在批判當時的風潮、挑戰社會的價值觀。先有透視法，才有立體主義。在希臘的古典雕刻出現幾千年以後，才出現杜象這樣的前衛藝術家，所以每一種藝術都有傳承與批判的意義。

美感不是藝術唯一要追求的價值

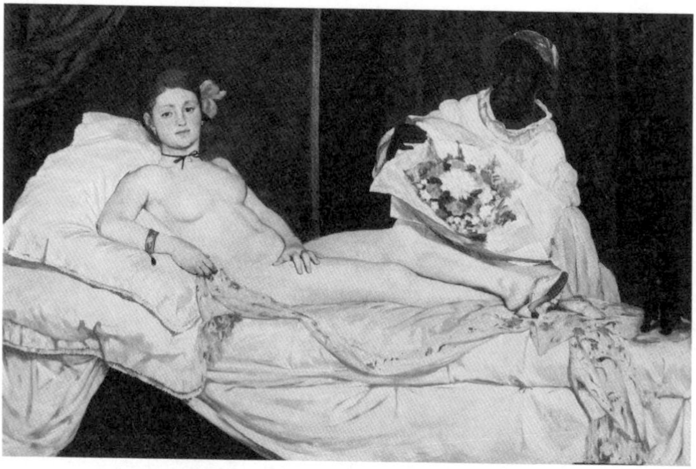

馬奈，〈奧林匹亞〉（奧塞博物館館藏）

藝術的本質就是變化，但不包括美，而且這兩個元素是衝突的。俗話說「美人三日厭」。美麗的事物通常給人安穩及整齊的感覺，所以才有所謂的黃金比例、優美和聲等。因此，大家都會覺得希臘的雕刻及文藝復興時期的畫作很美。而德國哲學家黑格爾也說：「有秩序的事物有美感；單純的事物就是真實的；前後一致的事物就是對稱。」

但藝術作品常常不按牌理出牌。在一九〇五年，巴黎的知名藝術家籌辦「秋季沙龍」，當中有許多畫作遭到評論家嚴厲批評，稱其用色花俏、筆觸粗獷，宛如「野獸」一般。這些「醜陋」的作品是出自於法國畫家馬諦斯及魯奧之手，評論家沒料到，他們往後便因此成為「野獸派」的大師。

法國畫家馬奈（Edouard Manet）以娼妓及黑人女性為主角畫下了〈奧林匹亞〉。這幅作品在當時引起眾人的強烈批評。在那個時代，社會只能接受宗教畫有裸體，但馬奈卻畫下娼妓的裸體，只要有點教養的人都會皺眉大罵說：「這不是藝術！」不過，當年被評為低級下流的作品，現在也都收藏於美術館中，被視為偉大的藝術品。

許多人看了現代作品後，常常會質疑它們的藝術性。由此可知，藝術品不全是美的。馬諦斯、馬奈以及畢卡索都曾被同時代的人所否定。因此，今日受到批判的當代藝術，也有可能被下一代當作偉大、有美感的作品。

藝術家不只是追求美，也會想把其他元素放入創作題材，所以才會有誇張的巴洛克藝術以及深沉的悲劇。數千來年，美及藝術的概念不斷擴張，人們也更懂得從不同的角度欣賞創作。

一講到藝術，大家通常會想起真、善、美，但我不覺得那些是藝術的本質，只有中世紀以前的藝術家才符合那種精神。

真、善、美是普遍而固定的概念，正好與藝術的變化性相反。有的人說它們是不變的真理，是藝術的「正確解答」。而有些公司管理者也認為，只要掌握永恆的規則與理念，就能不斷複製成功模式，但結果只做出平凡無奇的商品。

事實上，藝術家不斷在挑戰真善美等傳統價值，只為了創造出不凡且唯一的作品。所以藝術的本質是千變萬化。藝術的終極價值不是美，否則在某個時期早就發展完畢，不會再有新流派誕生。

唯有透過藝術思考，我們才能掌握變化的瞬間，進而改變時代、顛覆眾人的價值觀，創造新的典範。

15.

藝術是一種腦部刺激？

觀賞與臨摹作品，
就能提升感受力與創造力

創作者及觀賞者為兩端電極，
在電流傳導過程中產生火花，創造新事物。
——杜象

藝術家常常將創作比喻為懷孕及生產，而嬰兒（作品）是上天的恩惠，無法用自己的意識去控制。懷孕需要契機，所以就得設法受孕。

作品想要有獨創性及特殊性的話，創作者的動機及衝動就非常重要。許多人都以為創作是孤獨的過程，但是藝術與社會不可分割。人無法自己受孕，受到他人及社會的刺激，藝術家才有創作的動能。

東京大學的岡田猛教授發現，藝術對心靈有巨大的影響力。觀賞者看到作品後，引發腦袋裡的化學作用，觸發他去做有創造力的事。在此連鎖反應下，社會整體的創造性也跟著提高，這就是藝術的真諦。

從岡田教授的研究中可得知，多接觸藝術作品，就可提高創造力。

① 寫實靜物

② 寫實場景

③ 漫畫風的素描

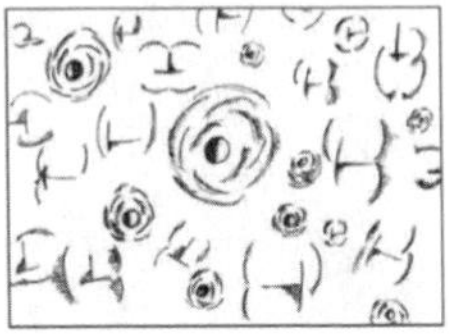

④ 幾何形的圖樣

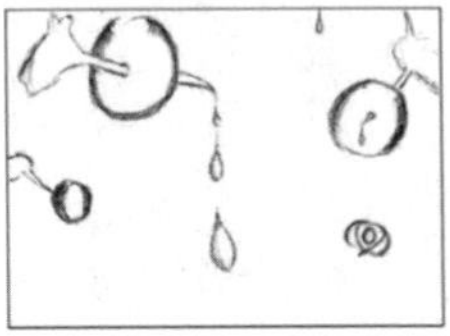

⑤ 用抽象的角度看世界

⑥ 綜合各種圖樣

上面三幅作品是第一天的作品精選，

下面三幅作品是第三天有接受抽象訓練的受試者畫的，比較有原創性。

（出處：Takashi Okada, Kantaro Ishibashl／2016 Cognitive Science Society, Inc）

岡田教授找受試者來畫畫，一連進行三天。第一天，他要求受試者以現場的蔬菜及水果為主題，畫出獨特且有創意的靜物畫。第二天只有部分受試者繼續作畫，而主題是臨摹一些抽象畫。到了第三天，所有參加者都來描繪靜物。結果，有參加第二天臨摹練習的受試者，第三天的靜物畫比較有特色。

這個研究可詳見岡田教授的論文〈模仿、啟發與創作：透過模仿來激發繪畫創造力的認知過程〉（Imitation, Inspiration, and Creation: Cognitive Process of Creative Drawing）。有趣的是，模仿並不會影響畫家的創造力。

受試者臨摹其他的抽象作品時，筆觸的確會受到影響，但最終完成的作品會有自己的特色。人類在作畫時，會忍不住要描繪看到的實景。但是臨摹非寫實的抽象畫後，就能脫離這個認知偏誤。受試者會覺得，原來畫畫不一定要如實呈現，於是就更能自由地創作了。模仿抽象畫後，受試者更懂得表現自己的特性與多樣性。

藝術作品能刺激參觀者的想法，但不會明白指示或誘導他們該怎麼做。參觀者也不會完全模仿或追隨藝術家。藝術品所帶來的啟發不是直接的，而且會潛伏很久，就像受到細菌感染一樣，每個人發作的症狀以及時間都不同。

而邏輯及設計思維的效用剛好相反，兩者有明確的方向，受到影響的人會往特定的方向前進。但藝術就像胡亂投出的球一樣，不知道會掉到什麼地方。

就像是撞球的開局一樣，在球桿衝擊下，檯面上的球互相碰撞、接著四散出去。藝術作品的意義也是如此，參觀者受到刺激後，會再去影響他人，進而把藝術的價

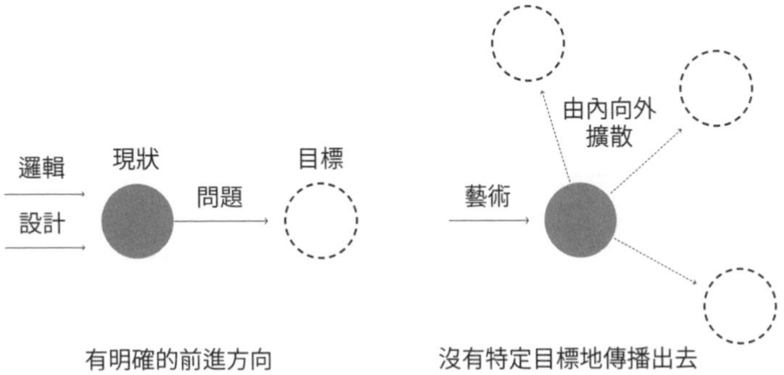

解決問題是單向的，而藝術傳播爲多向的

值擴散出去。從此可看出，藝術具有社會意義，藝術家也無法獨善其身。透過連鎖反應，藝術家可間接地與社會溝通，並增加社會的多樣性。

多欣賞藝術品就能刺激腦部運作

在藝術作品的刺激下，每個人都能接收到特殊的轉化能量，進而去探索自己的不同面向。當然，這些能量的強度因人而異。

根據岡田教授的研究，比起普通班的學生，美術系學生接收到的刺激頻率及強度都比較高。他和石黑千晶教授合撰〈藝術教育

		全體			美術專科生 取樣人數：190		一般學生 取樣人數：187	
		標準差	平均數	顯著水準	平均數	標準差	平均數	標準差
評估自己的表達能力		2.58	0.72	0.89	2.92	0.62	2.22	0.65
欣賞他人作品的能力	對他人創作過程的理解與評價	3.38	0.74	0.83	3.66	0.62	3.10	0.75
	比較自己與他人的作品優劣	3.18	1.11	0.91	3.93	0.61	2.40	0.97
外界與他人引發的刺激	頻率	4.58	1.24	0.86	5.16	0.84	3.97	1.30
	強度	4.51	1.28	0.85	5.03	0.96	3.97	1.35

大學生之表達能力、欣賞力及感受力的平均值與t檢定結果

（出處：石黑千晶、岡田猛，〈藝術教育能加強對於外界及他人的感受力〉，2017）

能加強對於外界及他人的感受力：美術專科生與一般生的比較〉一文，當中提到：

> 專攻藝術的學生，對於外界及他人比較敏感，表達及感受力也比較好。也就是說，學習跟藝術有關的各種知識與技能，感受力、敏感度、表達力及感受力都會變好。

與一般學生相比，藝術系學生更能接收到藝術品的「刺激」。這跟天

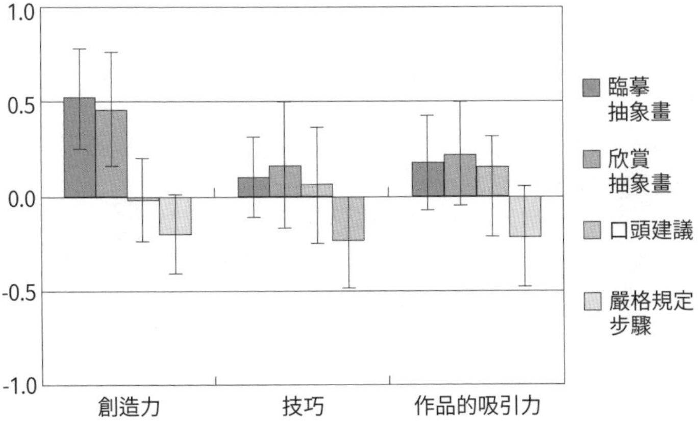

四種練習法的成效

（出處：Takeshi O kada, Kentaro Ishibash/ 2016 Cognitive Sclance Society,Inc）

份無關，藝術系的學生平常就會主動地找尋各種資訊，這樣才能累積創作的好點子。同樣地，運動員為了鍛鍊身體，也會吃得比一般人還多。藝術家為了得到靈感，精神上也經常處於飢渴的狀態。

雖說如此，對於上班族或創業者來說，在日常生活中要投入藝術創作總有些難度。

前面提到，岡田教授發現，讓受試者模仿抽象畫，就能刺激他們的創造力。

從實驗結果可得知，只要臨摹一

次抽象畫，創造力就會提升。更有趣的是，就算只是認真觀賞，也能有所啟發。

雖然研究人員一開始就告訴受試者「不用照著畫」，但後者還是無法發揮創意。由此可知，光是接受資訊及指示，腦袋還是無法受到刺激，必須身體力行才行。

日本的藝術教育不彰，所以民眾欣賞藝術品時，只會稍微瞄一眼，但對於解說看板上的各項資訊（包括作者生平），卻是一字一句詳讀。這樣就本末倒置了！因此，為了鍛鍊對藝術的感受力，一定要慢慢地欣賞作品本身，試著跟它對話。

用藝術來激發員工的創意

在瞬息萬變的新時代，當公司陷入停滯，不斷生產類似的商品，經營者的決策就非常重要。他得設法帶入不同的元素，來刺激員工的思維。

近年來我做了一個實驗，將藝術家帶入商業領域。我參考了常見的藝術家駐村計畫，接著轉化為「藝術家駐企業計畫」。我與藝術家一同策畫企業員工的研習課程，或者請他們參與商品企劃。實驗後發現，員工因此變得更有創意。與商務人士相比，藝術家的表達方式截然不同。他們能從感官的視角出發，提出另類的意見，激發眾人的創意，催生出嶄新的點子。

不過，實際執行時有些地方需要多注意。許多人會抗拒新點子，把它們當作無用的空想。商界人士通常不喜歡稀奇古怪的想法，只講求效率跟獲利。但藝術家的表達方式本來就與他人不同，提出的意見也常被否定。這兩種人溝通時容易發生衝突，很難達成共識。

另一方面，有些經營者會覺得，藝術家腦袋一定有許多有創意，所以就將企劃的工作全都丟給對方。不過，藝術家不是廣告公司的專員，他們參與公司運作，是為了激發大家的想法。藝術家不會告訴你答案。員工得提升自己的能力，才能做出具體的新企劃。

碰到新奇、難以理解的想法時，不要用自己已知的想法去解釋。碰到價值觀和自己不同的人，也別想去改變對方的想法。不要試圖抹去事物的差異性，製造和諧的假象。唯有多樣化的思維，才能刺激新產品的誕生。藝術家不斷刺激自己的感官，才能創造出獨特的作品。員工多接觸新奇的想法，公司的體質就會更好，不斷將產品推陳出新。

12.

藝術的能量源自於偏愛與違和感？

超越理論的束縛，
用熱情創造新價值

天才是怪異的特例，就像操作系統的錯誤訊息。

——德國抽象畫家保羅．克利（Paul Klee）

對事物的偏愛是創作的泉源

偏愛是一種衝動，自己不知道原因、也很難解釋清楚。為何會受到某事物所吸引，我們也提不出理由，真是令人困擾。

藝術家的偏愛最明顯，草間彌生喜歡用圓點創作、而塩田千春常用紅線，地景藝術家耶拉瑟夫（Christo Javacheff）則擅長用布蓋住建築物。這些偏愛都是靈感的泉源，彰顯了藝術家的獨特性。

草間彌生的創作背景廣為人知。在童年時她就被備受幻覺及幻聽所惱，因此將這些感覺描繪成畫。而塩田千春說，她小時候感到不安時，就覺得自己的房間彷彿被編

塩田千春，《不確定之旅》

（2016／2019／鐵架、紅毛線／Courtesy: Blain|Southern, London/Berlin／New York／展覽名稱，「塩田千春：顫抖的靈魂」，森美術館（東京）2019年／攝影：Sunhi Mang／畫像提供：森美術館）

織的線層層包裹起來：

交結、糾纏、斷掉、解開……
這些線宛如人際關係一般，映照出我的內心……

對事物的偏愛與癡迷，難以用邏輯去理解，旁人也無法抄襲。它們是專屬於自己的創作泉源。

有時我們對事物的偏愛會脫離常軌，甚至帶有些許病態。多媒體藝術平台DOMMUNE的主持人宇川直宏說：「藝術家是患者，設計師為醫師；

藝術是毒品，設計是藥物。」有時，懷抱著宛如病態、滿溢的熱情，就能創作出超越常理的作品。

在違和感中找到創作的契機

另一個難以解釋的衝動是「違和感」。意思是說，用頭腦無法理解，但身體已經察覺到的詭異狀態。思考與感知有落差，於是出現這種感覺。對某事物是否有違和感，判斷基準不在於理性思考與邏輯。違和感出現時，代表身體的感知已超越頭腦，雖然無法用理性來解釋，但不代表它沒有意義，反而更突顯其重要性。

佛教中有個趣味的故事叫「盲人摸象」。五個盲人去觸摸大象，並猜測自己摸到的是什麼。他們分別摸到腳、尾巴、鼻子、耳朵和肚子，並回答那是柱子、繩子、樹枝、扇子和牆壁。但到底摸到的是什麼，他們莫衷一是，也無法理解對方的說法。「像柱子、繩子、樹枝、扇子和牆壁」，聽起來就像是神話中的怪物，但答案很簡單，那就是大象啊！可惜的是，盲人們執著於那些特點的組合物，所以無法跳出自己的思維陷阱。

違和感因人而異，有的人很輕易就能察覺到哪裡不對勁，也有人完全無感。而經由不同程度的違和感，就會產生不同的觀念。每個人摸大象的感覺都不同，就會有自己獨到的觀察與發現。

有些員工能發現公司哪裡不太對勁，但無法明確地表達出來，所以他們的意見被忽略了。管理階層太重視邏輯思考的話，就無法處理這些「雜音」。相反地，藝術家最重視違和感了，想要探索內心世界、創作出與眾不同的作品，一定要好好體會那種感覺。

工作的能量從你的偏愛而來

分娩是非常痛苦的過程，而催生作品也一樣。無法做出滿意的作品，只好不斷打掉重來。這過程固然辛苦，但也只能靠自己去克服。

畢卡索及莫內的作品一開始也受到嚴厲批評。創業家及新事業部門的主管應該都有經驗，自己提出的願景非但不被人理解，甚至被完全否定。藝術家推出超越常理的作品時，一定會遇到許多阻礙，所以他得補充能量，才能克服這些困境。

而偏愛及違和感能帶來轉變的能量。要創作出超越常理的作品，就得先投入於偏愛的主題，這樣內心就會湧出滿滿的創作能量。一般人只願用常識看事情，但藝術家會透過對外的違和感，以找出平凡事物的不同之處。

藝術家要創造嶄新的價值，但不光要新穎，更重要的是得展現其個性。因為在這個講求效率的時代，新點子很快就會被抄襲，變得一點價值也沒有。工作也是一樣，只要能找到自己的偏愛與違和感，就能擁有專屬的創意泉源，就算被抄襲，還是可以搶先一步提出新點子。

有人說，創業時要從人生的早年經驗去找靈感，但我覺得這並非必要。偏愛或是違和感這種難以理解的衝動，才是創作的泉源。

我成立新創公司unique時，是以女性為服務對象，幫助她們找到自己創業或斜槓兼職的方向。（不過這麼一來，我公司就有個奇怪的規定，客戶一定要有副業才行。）

「明明是中年男性，為何經營了一間以女性客戶為主的公司呢？」我常常被問到這個問題，其實這也是源於我個人的偏愛及對世界的違和感。

當然我不是為了接近女性，而是我從小就容易被女性相關的事物所吸引。對於女性的感受力與價值觀，我有深深的共鳴。我以往任職於大企業，決策者大都是男性，所以不大採納女性同仁的感性觀點，許多有創意的企劃就被否決了。這種情況令人扼腕，也讓我對大公司的文化有種違和感。我容易被感性與溫馨的事物所吸引，所以我才偏愛與女性一起工作。但一般人應該不會對男性文化有這麼強烈的違和感。

大多數人都不知該怎麼解釋自己的偏愛及違和感，只能說是一種感覺。

不過，從我人生的早年經驗來看，也許會有些線索，我家有四個小孩，而我是唯一的男生。家庭成員多為女性，這種環境影響了我的價值觀。但是，日本應該有很多類似結構的家庭吧！在這種環境下成長的人，也不見得會想從事以女性為主要客戶的事業。所以，光從成長背景也無法看出我為何會對感性的事物有所偏愛。

人的偏愛及對外界的違和感不一定跟他的成長背景有關，雖然那是最容易理解的因素。不過，這些衝動實在難以解釋，甚至根本找不到原因。心理學家認為，這些偏好可能源於童年的經歷，並隱藏於潛意識中。無論它們的起因為何，重要的是要善用違和感與偏愛，找到自己專屬的人生動力，不再受理性思考所縛。

想要超越既有的框架、想出有趣的點子，就要以個人的對事物的偏愛及違和感為基礎，不斷練習與創作，哪怕自己不太理解也無妨。

日本知名的零售集團J. Front Retailing（旗下有大丸松坂屋及PARCO兩家百貨公司）會請我設計工作坊，好讓員工學習藝術思考。

大丸松坂屋歷史悠久，創業已超過三百年。他們希望在工作坊中能找到方向，從嶄新的視角來思考新事業的可能性。

我接受委託後，精心設計了各種課程，但是刻意不教「如何發想點子」。創意發想法有很多，如「六頂思考帽」、「奧斯本檢核表」等，它們都有助於我們找出新穎的點子。透過這些方法，我們能快速地發想出有趣的提案，但往後能實際執行的卻少之又少。

想出新點子的瞬間，課堂上氣氛高昂，但是它們都跟學員自己的個性與偏好無關。學員返回工作崗位後就會忘記那些提案，更不會設法去執行。而且，雖然新穎的點子最有吸引力，但很快就會被抄襲，其價值瞬間消失。所以我一再強調，學員要以自己的偏愛為出發點，才能提出獨特的企劃。

想要激發自己內心深處的想法，就要多做練習。學員都是一般的上班族跟經營者，只習慣用邏輯思考。因此課程一開始，我就會先花時間來除去大家的制式思考模式。舞台劇演員藤原加奈是我的好友，跟她討論後，我決定在課堂上加入演員常用的熱身操，讓學員舒展筋骨，練習各種不常用的發音，讓他們學著從身體來思考。

接下來，我會請學員們思考自己有哪種戀物癖、有哪些無法改變的習慣以及不能妥協的事情。藉由這些問題，他們就能找出自己的偏愛以及對事物的違和感。學員兩人一組，互相發問、討論，以找出自己從未察覺、無法用理性解釋的個人特色。過程中，每個人都要找出三個關鍵字來說明自己獨一無二的那一面。

在課程的後半段，學員以這些個人風格為出發點，想像自己會創辦哪種類型的百貨公司。為了不被業界的常規所干擾，我特別建議大家，可以把「百貨公司」換成「獨立書店」或其他類型的零售賣場。思考不同領域的經營模式，就可以拆解常規的框架。規劃完成後，學員報告時再把店名改回百貨公司。

參與我的工作坊後，學員就能體會到，原來自己平常工作時沒有考量到自己的特色。只要學著以自己的偏愛及違和感為出發點，就能培養熱情、提出許多點子。看吧，藝術思考就是能帶來這麼多能量！最後請讀者一起來練習：

- 寫出三個你的癖好、偏愛的事物及無法戒除的事物。
- 寫出三個近期發生、你無法原諒的事情。
- 從這些事情當中，整理出自己是怎樣的人。
- 找到自己的特色後，試著運用在工作上。

18.

創業與藝術創作的目標是一樣的？

藝術家與創業者都以
永續經營爲優先考量

冒險正是我存在的理由。

——畢卡索

行銷公司HEART CATCH的創辦人為西村真理子，她從法國引進「創造不可能的藝術思考工作坊」（Art Thinking Improbable Workshop，以下簡稱ATIW）。ATIW是法國專家所設計的創業家養成企劃，他們提供三天的課程，讓一般的商務人士來學習藝術創作。我於二〇一九年六月參加了這個工作坊，這是個大好的機會，能觀察到藝術與商業思維的差異。在此，我跟大家介紹一下課程內容。

在這三天的課程中，學員要依序經歷六個階段：貢獻、逃脫、破壞、漂流、對話、展出。學員會被分成好幾個團隊，而每個團隊要設定主題，並按照這些步驟完成作品，在每個階段中，學員一邊上課，一邊創作，身為講師的藝術家也會提供意見及反饋。

為了提出不可思議的企劃，學員要先經過逃脫、破壞及漂離等階段，才能打破自

ATIW的學員作品，〈屬於大家的地方〉

己原有的思考框架。

在藝術創作的過程中，我深深體會到，它與成立新創公司的過程非常相似。我很快就融入其中，但其他學員大多任職於大企業，習慣一般的商業思維，所以要花一番心力才能上手。

課程中也有引用到「創效理論」（Effectuation Theory），這是用來說明創業家的思維模式，而它確實與藝術創作的原理相通。

創效理論：四大原則與一個世界觀

創效理論是美國管理學教授薩阿斯瓦斯（Saras D. Sarasvathy）於二〇〇八年提出的。她分析了二十七位成功創業家的思考模式，並找出五個共同點（四個原則與一個世界觀），並整理成理論。

讓我們來從商業與藝術的角度來剖析這套理論。

原則一：善用手上的資源（Bird in Hand）

活用現有的資源，組合後創造出新事物。

想要拓展新事業，你需要新技術與龐大的預算。但對於優秀的創業家來說，就算沒有豐厚的資源，也不會強求，因為他們懂得活用現有的資本。但一般人只知道要先擬訂計畫，取得預算後才開始進行。

Instagram與Airbnb等新創企業的員工都不多，但有能力在轉眼間席捲業界，成為頂端企業。這樣的例子比比皆是。剛成立時，他們只有數名員工，卻在短短幾年內超越大企業，而後者擁有豐富的資源與人才。Airbnb現時的年營收已超越希爾頓全球酒店集團。由此可見，就算你不是富二代，還是能創造嶄新的成功事業。

旅行有兩種，一種是背包客的自助行，另一種是富家子弟的海外留學，而後者有豐富的金錢和資源，過著安逸的生活。富人的父母會出錢、安排所有的事情，孩子的生活都在他們的保護與管理下，所以自由度較低。相反地，背包客一無所有，住宿地點比留學生還要窮酸，但不需受到他人控制。靠自己的力量與想法去旅行，獲得的經驗及收穫就比留學生更多。當個背包客，隨時都可改變目的地，旅行時就更有機會得到心靈上的啟發。

藝術家也要懂得使用現有的素材，絞盡腦汁來創作。雖然生活總是捉襟見肘，但在沒有資源的情況下，更能發揮創造力，創造出與眾不同的作品。

手上的資源非常重要，藝術家常說「用手思考」，直接觸摸素材，就能獲得許多啟發。戴上手套或是使用工具，無法感受到素材的質地。所以，有時在克難的狀態下，更能激發出學習的動機。

原則二：損失控管（Affordable Loss）

事業若想永續經營，就必須判定自己能承受的損失範圍。

對於新創事業來說，最重要的就是存活下來。活用現有的資源，正如克難的背包客那樣。看清眼前是否有危機，才能逢兇化吉。成功的創業家都懂得預測風險，唯有不影響生存，才能漸漸提高賭注，繼續前進。

這個做法看似膽小，但優秀的冒險家都知道要盤點現有的裝備，以判定自己能應付多艱困的險境，畢竟存活才是唯一的目標。不知道自己的危機處理能力，就沒有冒險的本錢。就製造業而言，老闆決定要投注全部的資產去量產一項新產品，通常會以市面上最常見的商品為主。如果要推出實驗性的產品，那就會先少量生產，先鋪到特定通路試水溫，再決定要不要繼續。

在藝術領域也一樣。我參加ATIW工作坊時，多媒體藝術家長谷川愛多次談到風險控管。我才發現，藝術家非常擅長拿捏分寸，以免讓作品失去焦點。

當時我所屬的學習團隊的主題是「多元化」，所以會牽涉到許多敏感議題。即使我們沒有那個意思，但只要有參觀者誤解，以為作品中隱藏歧視的意味，那就會引起爭議。自由創作固然重要，但絕不能貶低或傷害他人。當然，作品呈現的力道要強，才能清楚傳達創作者的理念，但拿捏不當的話，就變成濫用創作的自由。

作品一定要超越常態，才會讓觀賞者感到驚奇，覺得受到刺激和啟發。但相對地，它也有可能會造成他人不快。但有些藝術家覺得，只要作品能引起大家關注，就算令人厭惡或是充滿暴力、淫穢的色彩也沒關係。

藝術的涵義很多、是開放性的，所以我們才能用多樣的角度來創作，但有時卻會失控而不知節制。同樣的道理，有些新創公司會想挑戰現行的法律制度及價值觀，因為相關的規定與制度尚未完備。不過在日本，就算有年輕人想出像Airbnb或Uber這樣的商業模式，大企業也不可能採用，因為政府對民宿有相關規定，也禁止白牌計程車上路。創業者當然不能違法或做不道德的事，否則就跟歹徒沒兩樣。

因此，預見風險時，不只要閃避，還要找出適當的界線，在安全地帶進行挑戰。而所謂的損失控管，不單是用於防守，而是為了找到進攻的契機。

原則三：瘋狂拼布（Crazy-Quilt）

瘋狂拼布是一種手工藝，創作者將不規則的布料像拼圖般縫合起來。創業家也是一樣，會盡量收集各種可用的資源，看看能組成何種想法或產品。

拼布與一般的縫紉不一樣，創作者會活用花樣不一的碎布。同樣地，優秀的創業家會保持開放的心胸，就算遇到競爭對手，也不會急著攻擊，而是會先思考是否有合作的空間。

透過藝術創作，我們把異質的物品組合起來，為觀賞者帶來新體驗。只要懂得利用各式各樣的事物與觀念，就能突破自己既有的思想框架。

原則四：買到難吃的水果，就乾脆打成果汁（Lemonade）

不小心買到難吃的檸檬，那就乾脆擠成檸檬汁。

失敗也不氣餒，只要能從中找到啟發，就能開啟新的思維模式。創業一定會碰到挫折，唯有從失敗中學習，才能永續經營。

低潮時，就要反覆調整方向，慢慢找出屬於自己的路。藝術是實驗，碰到意外及偶然事件時，不妨當作改變方向的契機。走入叢林、面對前所未有的挑戰，不要害怕失敗，就能不斷成長、培養新思維。

世界觀：機長思維（Pilot-in-the-plane）

搭配上述四個原則的思考模式為「機長思維」。飛行時危機四伏，機長時時刻刻都得繃緊神經來應付各種突發狀況。同樣地，除了要按計畫發展，創業者也要能即時應對突發事件。

因此，機長一定要待在駕駛艙。

設計師在製作商品的原型時，也是邊實驗邊思考，但還是與藝術創作和創業家不同。雖然都在解決問題，但設計師跟業主交代就好，而創業者得靠自己做決定。我們不是塔台的導航人員，而是賭上自己生命的機長。

藝術家得從眾多的題材中挑選，包括素材及創作手法，都要自己決定，沒有人會告訴你正確解答，你也找不到模仿對象。飛機離地的時候，你不知道會飛往何處，也不曉得是否能順利降落。藝術家只能守著駕駛艙，靠自己去突破難關。

藝術與商業的差異

承如上述，藝術創作與新創事業的思維模式非常相似。差別在於，商業活動有明確的期限與合約規定。

藝術家基本上都是獨自進行創作，但也有例外，安迪・沃荷有成立自己的團隊「工廠」，村上隆也有自己的夥伴「KAIKAI KIKI」。另一方面，公司行號牽涉到的人很多，包括股東、員工等，也必須於期限內賺取一定的收益。

雖說展覽會有舉辦的期限，但是藝術家創作的時間要自己掌握。這就像生小孩一樣，你無法保證何時會受孕成功，也不能百分百確定分娩的時間。另一方面，商業活動都有期限，ATIW工作坊也只有三天課程，一切都以時效為優先，不能妥協。

人們常說：「藝術家的真正價值在他死後三十年才知道。」藝術領域的時間軸較長，梵谷生前潦倒，死後才得到好評。但是在商業領域，如果沒辦法獲利，公司就無法繼續營運，所以得在一定時間內達成目標。公司長期沒有獲利，就算獲得好名聲，也只能宣告倒閉。

因此，工作上我們必須注意期限。但近年來，許多人只想炒短線，反而變得短視近利。

創業是從無到有的過程，藝術創作也一樣。懷孕要隨緣，創業也是，雖然自己可掌握工作時間，但搭上時機非常重要。不過，公司要成立新事業部門的話，就要在年度計畫中設下業績與成長目標等。這比較不容易，就如同要在特定時間內生出小孩。

另外，就算無法即刻獲利，許多創業家也想在短時間內獲得好名聲。在此風潮下，許多公司都把「急速擴展」奉為圭臬，不斷投資新事業。有些新公司在短時間內炙手可熱，但沒多久就如流星般消失了。

日本市場規模逐年縮小，經營者應該體認到，短期拓展規模恐怕不是個好策略。想要開創新事業，應從永續經營的角度來看，並期待它能改變未來的社會。

科技與新創產業最講求速度與效率，老是在強調「黑客精神」、「突破性成長」、

「破壞式創新」等新觀念，總會設法拓展規模。但這只是一種手段，企業的最終目的應該是創造新文化才對。

如今，企業只想追求大規模的目標，如創造「十億個用戶」。但從文化的觀點來看，令消費者感動、塑造深遠的價值，才是最重要的。規模不應該是唯一的考量，想要對社會有深遠的影響，就要透過藝術思考來開創新事業。

這麼一來，公司就能為社會帶來新價值，並讓大家開始質疑，一味追求速度與規模，是否真的對全體有幫助。

7.

藝術思考不是猜題？

唯有愛自己，
才能建立自己的價值

要讓他人感動，就得先打動自己。否則，再怎麼精巧的作品也毫無生命可言。

——法國畫家米勒（Jean-François Millet）

有些人會批評說，藝術思考是以個人為出發點，那是否就不考慮公眾的利益，甚至有人說，用個人色彩很難爭取到消費者的認同。

許多職場專家都教過，要多「站在對方立場思考」。大家應該常聽到上司或前輩說：「既然要做對方的生意，所以配合對方的需求很重要。」這句話理論上說來沒錯。

許多公司都把「顧客至上」奉為第一原則。雖然工作是為了創造價值，但價值不是由員工能決定的，而是要看客戶的需求，所以此原則非常合理。

但是這樣的思考方式很危險，對方可能會因此予取予求，導致公司失去自己的價值與地位。

不要成爲被予取予求的工具人

配合對方的需求是好事，這是商業活動的基本原理。但實際上，這樣的行為有可能導致公司失去價值。也許有些人不同意，但不妨深入想想看，為何「配合客戶的要求」會對公司發展不利呢？

那是因為在不知不覺中，我方的想法會被對方給同化。雖然價值是起於客戶的需求，但提供這些服務的是我們，所以公司必須先以自己的發展為首要考量。如此一來，這筆交易就有加乘的效果，對彼此都有利。

委屈自己、一味配合，就會被對方給同化，不但想法跟別人一樣，連產品也跟別人大同小異。最終，公司就會失去自己獨特的價值。同樣的道理，有些人會盡力滿足伴侶的要求，雖然一開始對方會感到很貼心，但久了之後他們就會變成可以替換的「工具人」。

聰穎的陷阱

遲鈍的人不大會受他人影響，但天資聰穎或高學歷的人，反而要小心被同化。

我算有點小聰明的人，在學生時代考試成績也不錯。我總是能掌握到出題者的走向，所以能提前做好準備。這種能力在工廠或是大型企業中很吃香。我任職於某大公司時，也活用了這個能力，以史上最快的速度獲得升遷。

但是，答題的能力越高，個人的價值就越低，最終你會懷疑自己的工作意義。很多快速獲得升遷的人都會掉入這個陷阱：靠著高超的猜題能力出人頭地，卻也證實自己的內在毫無價值。

憑著一點小聰明，就這樣過著猜題的人生，自我價值感也日漸減少。一想到這一點，我不禁感到害怕，因此辭去大企業的工作，放棄出人頭地的機會。

離開大企業就可以放棄猜題的思維嗎？其實並非如此，我創業一年後，這種習慣都仍存在著。

例如，為了資金上的周轉，我時不時得去拜訪投資者。為了讓氣氛融洽，我講話總會投其所好，包括準備一些對方感興趣的話題，還宣稱我公司幾年內就會上市，接著布局全球。此外，我也會依照範本做出精美的簡報檔案。

事實上，在創業初期時，我反而更愛猜題，比上班那段時期還更認真。為了紓解資金的壓力，為了能夠獲得廣大媒體的報導，好讓公司能存活下去，我更努力討客戶的歡心。那段時間的壓力比當上班族大得多，時間緊迫盯人，於是我更依賴自己擅長的猜題能力。

但沒過多久，我的資金調度就出問題，也沒有媒體要前來報導，而我最自傲的簡報工作也不管用。歸根到底，我沒有打從心底想用那種方式經營公司。股票上市不是我的終極目標，更重要的是，我想創造出一間能服務職業婦女的公司。但每次遇到投資人時，我只是不斷強調，本公司在五年內會獲利多少、上市後要走向國際化等願景。這樣阿諛奉承的話術是無法打動人心的，當然，我公司經營得也不大順利。

最恐怖的是，一旦熟悉用猜題模式來解決問題，就很難擺脫，因為你會不斷確保對方有正面的回應，而不敢冒險提出自己的主張。你會按照對方所希望的去做，倚賴對方所給的建議去執行，這樣就不需自己去找答案。而且你不會跟對方起衝突，輕鬆就能完成工作。等你食髓知味後，就會習慣這種工作模式，做任何決定都只想自保。

由此可知，我們會害怕做自己，是因為要擔負的責任太多了。

交流時，展現自己的長處才是尊重對方

大家常說入境隨俗，有時配合對方的需求，展現自己的體貼以及尊重，也是非常重要的。

但只有表面上迎合對方，那就稱不上尊重。

沒有自己的想法、衣著不整又嘻皮笑臉，顯然就是不敬。既然有明確的想法，就不應刻意迎合對方，這樣才能提高自己的價值，並突顯對他人的敬意。

就算去跟規模龐大的企業開會，只要是夏天，我一定穿短褲去赴約。日本位處於

亞熱帶，夏天炎熱無比，而高溫會影響我的表達能力。這是我的信念，也是尊重對方的表現。

以這樣的穿著去開會，有的客戶會斥責我「不像話」，甚至讓我吃閉門羹。但我認為，唯有全力發揮自己的能力，才是真正的尊重。表面迎合對方而貶低自己，那就本末倒置了。

想尊重對方，就要全力展現自己的價值，設法將自己的優點傳達給對方。若遇到不懂欣賞的人，就不要勉強。為了取得對方的歡喜而強迫自己去接受某些價值，這種舉動毫無意義。不必為了討好對方而貶低自己，就當作沒緣分，斷然放棄就好。

就算是大受歡迎的藝術作品，也會有人覺得乏味無趣，因此，藝術家大多不會譁眾取寵。請大家想想看，你是否以猜題的態度在應付工作呢？有誠實思索自己的價值觀嗎？

喜歡做的事情不一定對你有益

另一方面，人們常誤以為，從自我出發就是只做自己喜歡的事，但是其實那樣也會迷失自我。

有時問孩子們長大想做什麼，他們大多會說：「不想念書，只想一直打電動。」這當然不是透過藝術思考得出的答案。

只做喜歡的事反而會扼殺成長的空間。從藝術思考的角度來看，一直做類似的事情，就無法探索自己與眾不同的一面。小學生大多懶散、喜歡打電動，興趣都很類似，只想做輕鬆的事情。

想做的事大概有三種類型。

第一種是為了利益，能賺錢或得到各種好處，這是經過思考的合理判斷。第二種是輕鬆的事，只要自在、舒適，不用花太多力氣就好。

然而透過藝術思考，我們的行為動機就不是利益也不是輕鬆，而是「愛」。藝術就是愛！這種說法會讓人有點難為情，但是愛的糾葛的確會令人有許多創作動機。

心理學家河合隼雄說過：

希望給對方留下完美的印象，
也想要事情發展順利，
於是我們會想迎合對方。
有時我們會變得自私，把自己放在第一位。
也會賭氣說，不那麼愛對方。
每個人都有缺點，所以不需要太苛求對方。
學會包容、鼓勵彼此，努力經營關係，
這就是愛。

「利益」或「輕鬆」是很清楚的動機，但愛包含了各種情感糾葛，有時連當事人自己也看不清。

有些人選擇結婚對象時，會從利益考量，所以只挑有錢人，但這種關係不會是永恆的，一旦對方變得貧窮，就失去在一起的意義了。另一方面，相處起來輕鬆自在的人，也不一定能與他維持長久的關係。習慣了以後，彼此就會感到無趣，關係進入倦怠期。

把利益與輕鬆當成目標，人就會變懶惰。你不需要花費額外的能量與心力，也不會碰到太多阻礙，就可以讓事情順暢進行。但是只要一出現困難，懶惰的人就會馬上放棄。不過有愛的人碰到障礙，反而能乘風破浪奮勇向前。

雖然愛會讓人內心糾結，但也會帶來克服困難的力量。唯有真誠的愛，才能讓人在遭遇困境與阻力時找出答案。這種巨大能量不但能讓自己各方面有所成長，還能讓你探索更深層的自己。打電動不是壞事，但打從心裡深愛電玩遊戲的孩子應該不多吧。大部分的孩子只是受同儕影響，只有少數人無時無刻都在想著怎麼破關。唯有如此深愛電玩遊戲，才能找到自己的某種潛能。

最後，寫出你現在想做的事情，並分類看看，哪些是為了利益、輕鬆，而真正熱愛的又是什麼。

探索自己的各種面向

每個人的內在樣貌都不同，也無法憑空出現。唯有不斷歷練，才能探索自己深藏的一面。生活陷入低潮時，我們會漸漸迷失自己，分不清是身心出了什麼問題，還是受到外在的影響，終日惶惶不安，還會懷疑自己存在的價值。

該如何在低潮中確認自己的存在感呢？首先，多多活動身體，把注意力拉回當下。接著，試著投入各式各樣的活動，一點一滴地喚回消失已久的自我樣貌。

在這過程中，你當然會碰到各種阻礙，有時你能克服，但有時得承認那是行不通的路。每個人都有長處跟短處，有些困難你無法招架，但有些阻力反而能讓你茁壯、強大。

挑戰自己跟勉強自己不同。遭遇困難時，有時會想咬牙撐過去，但這等於無視自己的本性，只想逞強度過一切。但不管遇到什麼問題，無論是想克服或是忍耐，都要保持本性，不用刻意去改變自己的想法，也不要當個表裡不一的人。順著自己的偏好、多了解周遭環境的狀況，就可以描繪出自己的模樣。

藝術家透過創作，在有限的材料中拼拼湊湊，以呈現自己的感知或想法。多多與外界交流，就能發現自己的多重面貌。有些人害怕挫折，所以不想嘗試新的活動，這是最糟糕的心態。想要探索自己，第一步就從身體的活動開始！不要害怕碰壁或受阻，每個人都有弱項，但這就是個人特色。事實上，想要認識自己，第一步就是要找到自己不擅長的事。

唯有不斷尋求突破，才是眞正的「做自己」

人無時無刻都在變化，而且一學會新技能就能完成新任務。因此，人就像黏土一樣具有可塑性。

據說人類一天會代謝三千億個細胞。在希臘傳說中，英雄忒修斯結束冒險的旅程後，雅典人為了讚揚他，就將他搭乘的船隻留下來做為紀念物，但在日月更迭下，船身逐漸腐朽，人們便換上新的木材來修補。最後，這艘船的每根木頭都被換過了。人們不禁懷疑，這艘船還是原本的忒修斯之船嗎？越想越矛盾。

同樣地，既然自己的身心會不斷變化，那你還是從前的你嗎？這真是個好問題。

思考這個問題時，我想到了佛教的業障論。

先談到「輪迴轉世」跟「無常」的概念。「無常」就是世間事不斷變化，而「輪迴轉世」就是重新投胎，下一世可能變成蒼蠅或其他生物。轉世後，上一世的記憶歸零，而你本來的肉體也消失了，那要怎麼說明你還是你。

身心狀態都不同了，所以轉世不是個人生命的延續，反而像是獲得新生命。這就跟忒修斯之船的矛盾一樣，本體已消失，記憶也不連貫，那轉世後的你還是同一個人嗎？

從佛教教義來看，就算身心變了，但在輪迴轉世的過程中，唯一不會消失的就是「業障」。你做過的事情會產生各種業力，在轉世之後會繼續發生影響力。佛教學者魚川裕司在其著作《有趣的佛教學堂》提到：

在生死輪迴的過程中，每個人的業力都不同，所以其身心與想法也會跟著變化。無常與痛苦是生命的本質。在業力的影響下，每一世的生命狀態都會有所變化。因此，人生有這麼多事情會發生，都是因為業力不斷在發揮作用，而我們無法改變什麼。

業力永遠也不會消失，即使轉世後什麼都不記得了，你還是會因一百年前不小心犯的錯而吃苦。這真是太殘酷了！

雖說如此，但從藝術思考的角度來看，業力就是一種成長的動力。

我在開頭提到，人會隨著時空條件而產生變化，也能學習新技能。基本上，你無論從何時開始學習，都有成長的空間。人有可塑性，昨天做不到的事，過幾天就能到。學習知識和技能，在反省中改變心態，不斷磨練自己，就可以跟其他大師一樣厲害。

但是相反地，就像是忒修斯之船，在你成長之後，某些部分已經不是原來的自己。一般來說，我們習慣從擅長的事情中找到自己的價值，會把某些技能與強項當作自己的本質。但是這些能力可經由後天習得，所以我們才說人有可塑性，是可改變的。

而從藝術思考的角度來看，每個人也都有無法改變的部分。

在某種程度上，我們能實現自己理想中的樣子，不過這些理想都大同小異。俄國作家托爾斯泰在小說《安娜・卡列尼娜》中提到：「每個幸福的家庭都很相似，但不幸的家庭各有各的不幸之處。」每個人身上有各式各樣的優缺點，不管你對自己的期望有多高、做了多少努力，卻也改變不了。

這就跟業力一樣。不管再怎麼輪迴，它都會如同債務般跟到下一世，怎樣也擺脫不掉。同樣地，你的人生再如何轉化，內在深處還是有不變的特點。

人一天會代謝掉三千億個細胞，但也有一生都不變的組織。所以，想要「做自己」，除了保留不變的部分，也要拓展各種潛力。人不是鐵板一塊，也不可能抱著單一的理念生活。不斷自我更新，持續觀察環境的變化，偶爾跳脫一成不斷的生活，但也不忘初心。這樣動態的調整才是生活之道。

1.

爲何會誕生出「藝術思考」？

商業思考方法的進化過程

人為思考而生，無時無刻，都難以停止思考。

——法國哲學家巴斯卡

本書的主題是「藝術思考」，一開始讀者會感到納悶，藝術是感性的，要如何與與理性的思考組合起來。藝術與思考感覺上是相衝突的概念。創作者或觀賞者不是應該放棄思考、全心感受作品就好。這兩種活動是如何組合在一起的？

這一切要追溯到二〇〇〇年左右。

邏輯思考的起源

「邏輯思考」這個方法是聞名全世界的顧問公司「麥肯錫」（McKinsey & Company, Inc）創造出來的，用來分析並解決企業的問題。

邏輯思考本來是一般的科學方法，很少用在商業領域，後來麥克錫用它來解決組織的問題，就開啟了各種新式思考法的大門，包括「批判性思考」、「設計思考」、「系統思考」等。

最廣為人知的邏輯思考法就是「金字塔結構法」與「MECE原則」。前者可用來分析問題，並歸納成像金字塔般上窄下寬的樹狀圖。「MECE原則」則為「互不重疊、毫無遺漏」（Mutually Exclusive Collectively Exhaustive）之意。

在邏輯思考中，分析為主要利器，可以用來分類、找出問題的根源。

比方說，某賣場的營業額下降了，若經營者只把焦點放在消失的數字，就會找不到方向，不知該從何著手解決。所以我們要先釐清問題的重點。所謂的業績，就是「消費者數量乘以其每年的平均消費金額」，接著我們再按照性別、年齡等分析消費者的屬性。

進行分類的時候，就可以用上MECE原則。先將顧客分成男性與女性，接著再細分年齡，以十歲為區間，從幼童排到老人。這樣每組調查對象的分類與屬性都很清楚，既不會重疊，也不會有所遺漏。

同樣地，「平均購買金額」也能再細分為「每年消費次數」與「單次消費金額」。調查各個數值後，我們就可了解到，營業額下降的主因可能為「三十至三十九歲女性每次平均消費金額下降」。

按照這些分析方法，想要挽救賣場的業績，就要設法提升這個族群的購買力，包括引進粉領族喜歡的高質感商品。

從上面的例子就可以發現，邏輯思考的特色就是清楚又有效。畢竟，不管是哪種學科，其理論與觀點都要符合邏輯規則。無論是誰，只要根據有效的前提與推論方法，就可以得出標準答案。因此，邏輯思考非常受到大企業所重視，其優點有二：

- 透過這套方法，我們就能詳細地拆解問題、找出病因，有效率地想出對策。
- 只要理解這套思維，大家都很容易達成共識。

由此可見，這套方法最適合用來處理複雜的狀況。經抽絲剝繭後，負責的同仁就能找出應對方法。公司上下也因此能獲得共識，團結一致去解決問題。

但是，既然它的特色是簡單明瞭，所以就比較難用來處理模稜兩可的狀況。以性別來說，分為男性和女性是最簡單的，但是從多元性別的角度來看，男女二分法就太過粗略了，會漏失很多資訊。因此，唯有在一目了然的情況下，我們才能用邏輯思考來解決問題，並發揮MECE原則的長處。也就是說，如果問題是出在明顯的環境因素，邏輯思考就能發揮最大效果。相對地，當問題落在模糊地帶時，這套方法就派不上用場了。

從近身觀察的角度來研究消費者

為了彌補邏輯思考的不足之處，以解決從表面上無法看出的潛在問題，於是又有人提出了設計思考法。

同樣地，設計思考本來不是用在商業領域，而是屬於工業設計界。二〇一〇年左右，美國知名的設計公司ＩＤＥＯ改造了這套方法。此後，設計思考就成為商業領域的重要工具。

透過邏輯思考，我們能將明確的外在問題劃分成其他更清楚的細項。至於狀況未明的深度問題，我們就能透過設計思考把它圖像化。

前面提到，邏輯思考包含「金字塔結構法」及「ＭＥＣＥ原則」這些利器。設計思考也有幾項強大的工具，以下會一一介紹。

「民族誌研究」源自民俗學及文化人類學。研究人員長時間、近距離觀察某些對象的生活，甚至對方的休息時間也不放過，以找出他們潛在的需求。從文化的角度來看，原住民的價值觀與世界觀非常有啟發性，而民族學者總是不帶偏見地去觀察他們的生活。如果研究者的偏見很深，就會用粗陋的分類方法去貶低其他族群的價值觀。這麼一來，他們就會錯失拓展視野的機會。因此，在研究不同的族群時，就不應該用太簡化的分類法，而注重分析的邏輯思考就派不上用場了。

法國人類學家李維史陀在《咫尺天涯——李維史陀對話錄》一書中提到：

從本質上來看，原住民的思考模式與我們大不相同。都市人在思考時，習慣將事物分門歸類，這是受到法國哲學家笛卡兒的影響。為了更有效地解決問題，必須將問題分成若干簡單的部分，一一處理。但就原住民的思考模式來看，細項與分類並不重要，從整體來解釋情況才有價值。

亞馬遜地區內，有個名為「皮拉罕族」的少數民族，他們沒有文字，語言的使用方式也與我們大相逕庭。例如baixi這個詞，可以用來指稱母親與父親，不分性別。此外，他們沒有過去、未來的時間觀念，也不分左右，有關數字、顏色的用詞也很少。對這樣的民族而言，MECE分類法與邏輯思考絕對派不上用場，搞不好還會有反效果。都市人習慣把事情分為未來、現在與過去，並且用性別與年齡來區分他人，所以難以理解原住民的思考模式。

因此，暫且擱下我們習慣的分類方法，從「民族誌研究」的角度出發，就能原封不動地理解其他族群的價值觀。秉持設計思考的原則，就能貼近觀察我們要研究的對象。每個族群都有其特性，以MECE原則來分類就會有所疏漏。

再以前面提過的例子來談。貼近觀察後，我們就會發現，營業額之所以會下滑，並不是三十至三十九歲的女性不購物，而是因為該商場附近的公車路線變了，所以消費者就減少了。相比之下，邏輯思考就像紙上談兵。想要找出真正的問題，關鍵在於融入觀察者的生活，試著感同身受一番。

透過設計思考，我們就知道業績下滑不是某個消費族群造成的，而是因為交通因素影響了「使用者體驗」。根據這項觀察，我們就能想出解決方法，這就是「原型製作」（prototyping）。相較於在紙上談兵的邏輯思考，設計思考更踏實。

在二〇一〇年左右，我也試著將IDEO的設計思考導入企劃案中。我近身觀察與訪談研究對象，重點寫在各種顏色的便利貼上，把辦公室的白板都貼滿了。

設計思考不適用於所有人，因為研究者需要對觀察者有同理心，還要有高度的察覺力與敏銳度。從事「民族誌研究」的人，得具有細膩的心思與觀察力，能找出微小的線索，以發現潛在的問題。

此外，進行設計思考時，一定要有明確的觀察對象。只要針對公司現有的客戶一一調查訪談，就可以分析他們的消費行為。但對於新創事業的新手來說，要提供什麼服務、目標客群為何還處於未知狀態，這時設計思考就派不上用場了。

具有無限可能的藝術思考

緊接著，在二〇一五年左右，商界開始出現「藝術思考」這個用詞，但它沒有明確的定義，不像邏輯思考或設計思考。許多人都會提到藝術思考，雖然大同小異，但定義及方法還沒統一。還有人明明用的是設計思考，卻硬說是藝術思考。還有一些工作坊給學員加入一點美學體驗，就冠上藝術思考之名。

由此可知，這個領域還有長遠的路要走。

有些新型工作坊根本不知何為藝術，而是把這套方法當作時髦的噱頭。這種魚目混珠的情況著實令人憂心。我是藝術研究者，也是商界人士。我撰寫此書的目的，就是為了重新探討藝術的意義，同時放入我自己的商務經驗，從實踐的角度來定義藝術思考。

因此，雖然藝術思考的領域尚未成熟，但我們還是能找出幾個重點。

簡單來說，這套方法論能幫助我們創造未來。只要能跳脫既定概念及刻板印象，就能發現新問題，接著展望未來十年的發展。不管是個人或公司，多多探索不同的領域，就能發現轉變的機會。第一步，我們先建立中期的願景與戰略，透過藝術的力量，持續探索各種可能性；這就是藝術思考的本質。

日本第二大廣告公司「博報堂」的行銷主管大塚雅弘說：

透過藝術思考法，商務人士也能像藝術家一樣，創造出獨特的事物，並拓展新的領域；這樣的思維備受矚目。

知名的系統與設計思維顧問公司salt也提到：

設計思考就是從人本的角度出發，為使用者量身打造出最適合的解決方法。相對地，藝術思考是為了找尋問題的根源，讓客戶找出自己的興趣，以創造嶄新的事物。

最後，我要引用HEART CATCH創辦人西村真理子的一段話：

在這個充滿變數的年代，就算是就近觀察顧客與使用者，也找不出答案。雖然我們內心充滿疑惑，但透過藝術思考，就能以新視角切入要點，找出被忽略的部分，最終解決問題。

據此，我們就可以得出藝術思考的三大重點：

・透過模仿來學習藝術家的創造過程。

• 關鍵不在於解決問題，而是重新審視自己的動機。
• 創造新價值。

邏輯思考是用來分析外在問題；設計思考是以同理心去找出潛在問題。但藝術家不為任何人工作，也沒有要解決他人的問題，他只看重自己的熱情和志趣，就像是任性的少年一樣。這三者可以如此區分：

· 邏輯思考：分析外在問題，找出解決之道。
· 設計思考：以同理心找出潛在問題，並找出解決之道。
· 藝術思考：不著眼於實際的問題，而是以自己的熱情與偏愛為核心，創造新價值。

繼邏輯思考出現後，各種商用的思維架構如雨後春筍般出現。我們先解決外在的問題，接著找出潛在的因素，最後來探索自己的價值觀。同樣的道理，起先我們有物理學還不夠用，量子力學出現後，我們就能處理更微妙、更難以理解的事物，思考方式便越來越細膩。這三種方法我們總結為以下表格：

類型	誕生年代	目的	取向	工具
邏輯思考	二〇〇〇年	解決外在問題	分析	MECE原則、金字塔結構法
設計思考	二〇一〇年	找出潛在問題	共感	民族誌研究、原型製作
藝術思考	二〇一五年	創造新價值	偏愛	個人的想法與創意

最後請大家做個練習，為朋友準備禮物時，你會：

A 調查在對方年齡層中最受歡迎的物品。

B 與對方共處時，不經意地試探對方喜好。

C 送對方自己最喜歡的東西。

你現在的工作方式是A、B、C之中的哪一種呢？

9.

長大後就忘了藝術思考？

莫忘初衷，偶爾回到出發點，
才有前進的動力

每個孩子都是藝術家，問題在於長大成人之後，能否繼續保持這份靈性。

——畢卡索

藝術思考這詞彙開始流行時，有人以為邏輯思考、設計思考已經過時了，接下來就是新思維要大放異彩了。確實，社會需要新的思想架構，但是與其他思考方式相比，藝術思考也有缺點。

人們常說，事業有自己的生命，是會變動的，就和人一樣。隨著時間演進，事業會產生本質上的變化，經歷的階段如下：

一、受孕、懷孕期：發想點子、推出企劃。

二、生產期：辛苦的創業籌備階段。

三、幼兒養育期：創業初期得不斷調整經營方向。

四、青少年成長期：客戶人數與業績開始有所成長。
五、巔峰壯年期：致力於提升營業額。
六、晚年的衰老期：維持收支平衡，開枝散葉。

最適合藝術思考的時期是就第一與第二階段。你得從無到有、擘劃事業的藍圖，所以需要用藝術思考來發揮創意。邏輯思考與設計思考這時還派不上用場。我們無法以分析的方式發想點子，也不需要用企業的管理方式來經營新公司。

為何邏輯在草創階段無法派上用場呢？那是因為這段期間有太多瞬息萬變的因素，而且公司的體質最脆弱，只要一丁點的事就會瓦解。換言之，這個階段是最具VUCA性質的時期。

小孩長大一點，進入第三、四階段後，設計思考就能上場了。父母開始讓孩子玩育智玩具或學習才藝，順便觀察他們的反應，以找出適合的發展方向。

前面提到，設計思考中有「民族誌研究」等方法，這不是用來發想點子，而是有明確的研究目標，以同感為方法來發現問題。「人物誌」是一種設計思考法，用來描繪假想的客戶。在鏡像階段，嬰兒喜歡照鏡子來建立自我形象，並設想他人的樣子。同樣地，草創期過後，我們已經建立基本的市場，於是會想像客戶其他的需求與顧慮，並設法找出潛在的消費者。

第四階段是壯年期，身體的成長幅度最大。這段期間，業主可以驗證自己的服務或產品是否受到青睞，以獲取一定的成長規模。接著業主可考慮投入更多資源，以擴大經營的規模。這個時期的正式名稱為「產品市場期」。

同樣的道理，父母會送小朋友去學習各項才藝，在觀察他們的潛在強項後，就投入資源來全力培育。在新創事業中，這個方法稱之為「成長駭客」。業主先假設目標客群，再根據回收的數據來判定市場的需求，一邊調整方向，一邊擴大事業。在這個時期，客戶的成長人數是最重要的指標。

接下來我們來到壯年期：生涯來到高點、業績邁向巔峰、年收入提高，生活更更加安定。雖然身體不再繼續成長，不過年收會持續增加。公司不用再設法提升顧客的

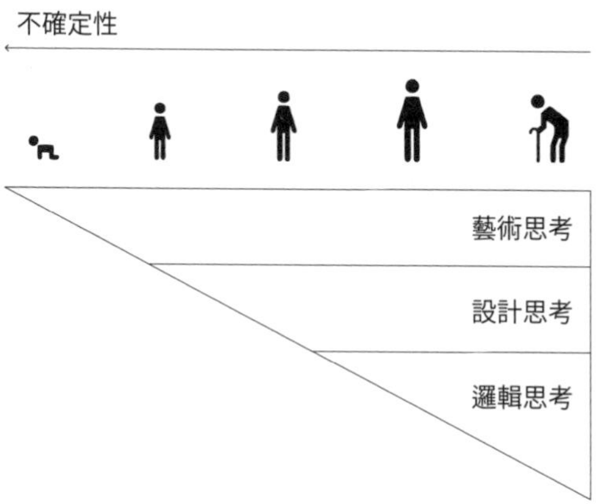

不同的成長階段，適用的思考方式也不同

人數，而是要著重於提高「顧客終身價值」(Lifetime Value，簡稱為LTV，也就是每個客戶在未來可能帶來的收益)。

在這段時期，公司的各項計畫執行率高，PDCA的營運最流暢。變動的因素不多、狀態更加穩定，所以邏輯思考就能發揮極大功效。只要預測未來的局勢走向，分析問題並著手解決，事業就能穩定成長。

人最終會衰老，事業的成長也必定會趨緩，開始走下坡。於是在晚年期，公司就不再需要提高營業額，而是要裁員及降低生產成本，以取得最大的收益。運用邏輯思考，就能解決這些問題。

由此可知，隨著年齡變化，思考方式也要跟著調整，才能獲取最佳成效。

懷孕、生產是人生中最不穩定的時期。隨著年齡增長，不確定與變動的因子漸漸減少。對懷孕的婦女及幼兒來說，邏輯思考暫時派不上用場。等到小孩學會說話寫字和交朋友後，邏輯思考的使用機會就變多了。

從人生階段來看，就知道每種思考法都有它的長處，沒有哪一種比較高明。不管是設計思考、邏輯思考與藝術思考，只要時機用對了，就能發揮效用。

無論是人或事業，隨著階段不同，各項需求也不同。但經營者總會忘記公司有它的年齡。別人的成功模式不一定能套用到自己身上，因為你們正處於不同的人生階段。前幾年很流行「精實創業」，大家都想知道，如何走過從零到一的創業過程。但這套方法一流行起來，大家就盲目跟風，胡亂套用在自己的身上。隔壁同學能考上名校，但他的讀書方法不適用於每個人。三十歲的成年人去讀小朋友看的繪本，能獲得的啟發也不多。

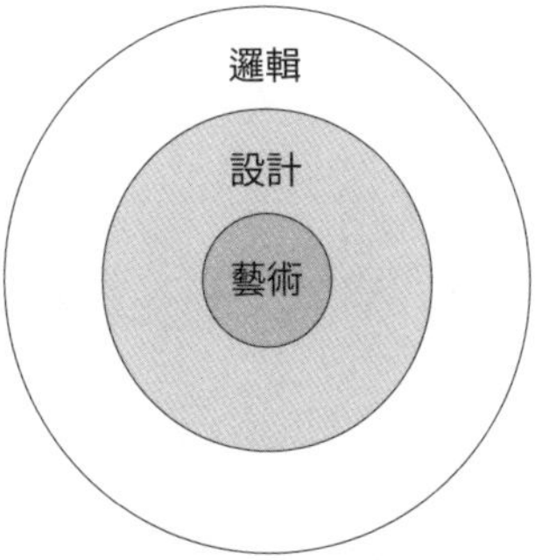

藝術思考是雪球的核心

公司規模成長時，也別忘了老主顧

想想看，我們在滾雪球時，是由雪球的表面把球滾大，但看不到它的核心。

嬰幼兒的思想核心是藝術思考。隨著長大成人並接受教育，設計思考慢慢從外圈覆蓋上去，接下來還有邏輯思考。以這種方式層層堆疊，外層的雪越來越厚，中心點就越來越深。透過這樣的類比便可得知，進行藝術思考時，就是從表面往內在一步步深入探索。

經營事業也一樣，剛起步時所招徠的

客戶最熱情，也就是所謂的核心客群。他們最了解你們公司的深層價值。隨著營業規模變大，來的客人也會變多，但就沒那麼死忠了。

這就是「90／9／1定律」（或稱「1%法則」）。以YouTube來比喻的話，上傳影片的人有1%，會於影片下方留言的則有9%，只看內容並不參與互動的人有90%。這些網友的分布就像雪球一樣，從內到外排成三層。

而公司的擴張也是有明顯的成長階段。草創期時，員工大多不到五人，成長時會有十五人，進入壯年期後就會多達上百名員工。公司各方面的規模都在成長，要處理的資料與數據也變多，最終就會受邏輯思考所主導。

在這個階段，千萬不要被數字所迷惑。公司進入壯年期後，重心都會放在數量最多的一般消費者，而無法顧及最熱情的核心客群；公司的核心價值也開始變質。一般的消費者當然很重要，但正如雪球一樣，先有核心，才慢慢有深厚的外層。雪球無論滾得多大，沒有內容的話，就只是個空殼。公司成長之後，要不斷反覆回顧自己的核心價值，才不會落入數字的陷阱，而這時藝術思考就能派上用場了。

成熟、年老後更要回歸初心

長大後，不懂的事物也漸漸明白了。

在學習的過程中，頭腦便能漸漸掌握邏輯和符號的思考流程，做事情也更有效率。但相對地，要顧慮的人事物也越來越多，離自己的核心就更遠了。

能劇大師世阿彌說過：「莫忘初衷。」很多人以為，這是要叫人想起初學時的新鮮感，但是能樂師安田登認為這有更深的涵義，他在〈能劇為何能傳承六百五十年〉一文中提到：

「初」是由「衣」字旁與「刀」組合而成，原意為「以刀剪裁衣服或布料」。所以莫忘初衷的意思是：別忘了要要時時反省，裁去老舊的自我，以全新之姿重生。

藝術思考適用於從零到一的草創時期，也就是我們事業的嬰兒期。所以它最接近我們的初衷。長大成人後，我們要掛慮的人事物太多，有時放下那些俗務，才能自我更新。因此，世阿彌的「初衷」也帶有生生不息之義。他在〈花鏡〉中提到：

記住這三條口訣，告誡自己與他人要謹慎生活：是非初心不可忘，時時初心不可忘，老後初心不可忘。

從無到有創造新事物時，最適合從藝術思考的角度出發。藝術家創作時，常常都得憑空發想。一般來說，人隨著年紀增長，習慣用邏輯與符號思考後，就會離真我越來越遠，所有的念頭都跟他人和外在世界有關。

如今，你還記得自己工作的「核心價值」嗎？請時時提醒自己，不管年紀多大，別忘了自己原來的模樣。透過藝術思考，你就能再次面對自己。

6.

自我欺騙的三大陷阱

剔除不切實際的自我期待，
才能找到自己的特性

你所做的判斷大多在欺騙自己。

——達文西

區分自己與他人並不容易。我常接到個人及企業的委託，請我去開設探索自我的工作坊。在教學過程中，我發現有三個很難察覺的心理陷阱，而且都是自己造成的。以下我會一一解釋。

陷阱一：藏身於社會角色中

社會角色是個人或企業的自我認同。比方說，許多人在自我介紹時，會先說明自己的身分、在哪裡任職等等。與客戶接洽時，我們也會強調公司的首要業務，如通訊服務或進口農產品等。

先亮出自己的社會地位，說話就比較有份量，並加深大家對自己的印象。之而久之，我們便會把那個身分當作自己的本質。女性結婚後，常被鄰居稱呼為「某某人的太太」或是「某某小朋友的媽媽」，彷彿她沒有名字一樣。不過，那些都不是婦女的主要身分。同樣地，許多人在公司位居要職，生活的話題也都圍繞在公事，因此深信自己與那份職位不可分割。當你認同某個社會角色後，就會給自己不必要的壓力，像是「身為主管應該鞠躬盡瘁」，或是「媽媽凡事都要先想到孩子」。

仔細想想，不管周遭的人怎麼看你，那都只是表象，只是個標籤罷了。諷刺的是，社會角色是外殼，離自己的核心最遙遠。唯有先放下它，才能找出隱藏其中的真我。

陷阱二：把特色當缺陷

人們常犯的另一個錯誤，就是把自己的特色當成缺陷。我在唐津市主持過社區營造工作坊，帶領官員與居民去思考城市的價值。

這個城市是個文化古都，有繩文時代的遺跡，豐臣秀吉出兵攻打朝鮮時，也在這裡蓋了唐津城。到了明治時代，當地人蓋了許多西洋式建築，現在是國家的重要文化財產。有這麼多時代的古蹟，唐津真是個寶地。

在工作坊中，有一門課題名為「探索自我」。一開頭我就問：「唐津有什麼特色是其他地方沒有的？」大家一致地回答：「歷史悠久、文化豐富。」

接著我反問道：「但比起其他古都，唐津缺少了什麼？」大家想了一下，回答說：「文化景觀太雜亂了。」唐津市經歷的時代太多了，不像京都那樣風格一致，所以得好好統整一下。

不過，這種不一致性真的是缺點嗎？從另外一個角度來看，這也是唐津的特色。因此，我們在推動社區營造時，有兩種完全不同的方向。

我們都認為文化古都要有基本的樣子，這是社會共識。不過，朝著這個方向思考的話，那到處都會變得跟京都一樣了。但從藝術思考的角度來看，與眾不同才有價值。文化景觀不一致不見得是缺點，也可以當成是我們的特色。

發現缺點時，反倒能藉機找出自己的特色。就一般的價值觀來看，說到歷史悠久的古城，京都一定是壓倒性的第一名。日本還有許多地方被稱為小京都，從這種標準來看，大家很難對唐津市感興趣。

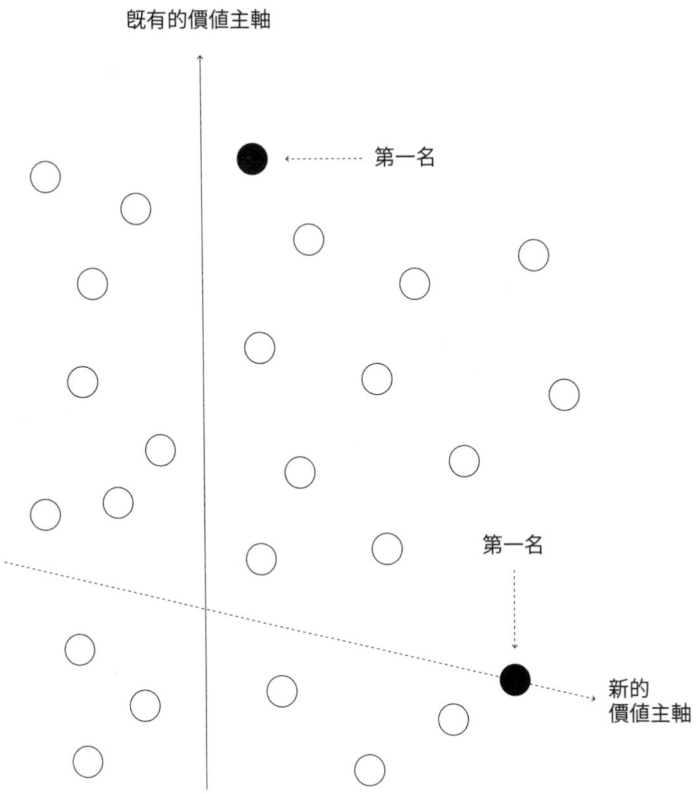

改變主軸，就可以獨佔鰲頭

但不如把缺點當特點，既然沒有一致的文化景觀，那宣傳主軸就改為「有各式各樣的歷史遺跡」，那唐津市就能拔得頭籌了。

因此，探索自我的關鍵在於找出個人的特質。

參加面試時，主考官總會問：「你的強項是什麼呢？」但「強項」或「優點」都是會令人誤解的觀念。它們只能顯示出一般大眾的價值觀，但究竟哪些特徵是強項，哪些又是弱點，就取決於欣賞的角度以及時空條件。法國畫家馬諦斯與魯奧的作品一開始被批評為「如野獸一樣狂亂」，但最後終於獲得認同，而成為劃時代的經典鉅作。當時的人們應該料想不到，那些作品的缺點正是其魅力所在。

因此，當我們在思索美好的事物時，不要在瞬間就被既有的價值觀框住。乍看之下，令人失望的部分，其實潛藏「與眾不同」的珍貴種子。

陷阱三：習以為常

就算是非常特別的人，也會覺得自己平凡無奇。大家習於自己的個性與生活方式，因此無法察覺當中有什麼特殊之處。這樣的情況很普遍。因此，想發現自己的其他面向，就需要外界的刺激。

公司也要找出自己的特色與定位

從藝術思考的角度來看，不只個人要找出自己的特點，企業與組織也要設定出自己的定位。我接受過數十家企業的委託，去幫助它們找出公司的特色。當中有許多公司花太多心力在分析競爭對手，或是過度迷信多角化經營，所以迷失了自己。

每家公司都有自己的使命與特性，如果大家都提供類似的服務或生產相似的商品，說難聽點，就算有一家倒閉也不會有人在乎。從這點可看出，身分認同就是企業存在的意義。

這種觀點不容易理解。畢竟，公司由許多員工組成，人事更迭頻繁，那要怎麼呈現出一致的「個性」呢？舉例來說，人的體內細胞每天會代謝掉三千億個；外觀看是一副身體，但內部的元素不斷在替換。公司組織也有異曲同工之妙，員工不斷更替才能生生不息，進而強化生命力；這就是公司的本體。即使是業務性質相同的公司，其內部風氣也差異很大。為何會如此？

人們總以為，公司高層做決定是根據各種理性工具，如收集數據與比較資料。但事實不是如此，公司也有「潛意識」和「業力」。也就是說，公司會在無形中不斷強化自己的特色，再從核心價值中建立自己的定位。

個人與組織都該放下對自己不切實際的期待

不管是個人或公司員工，大家在探索自我時，都很難剔除外在因素。學員們在便條紙上列出個人特徵時，總會混雜不切實際的自我投射，或想成某種理想中的人物。他們受到各種理論與社會風氣所影響，才會無法面對自己。

人們不想捨棄這些理想中的特徵與形象，是因為躲在虛擬的角色中比較心安。於是，自我核心被埋藏在深深的暗處，而表面裹著一層又一層的外在觀點與社會價值。

寫完特徵後，我會請學員一一剔除那些虛假的自我認同。這個過程就像單回合的淘汰賽一樣。便條紙上有一堆特徵，學員要不斷挑出兩個、接著淘汰一個，在這個剔除的過程中找出真正的自己。

一開始大家都會覺得，自己所寫的都是事實，所以很難刪除。還有人會問：「難道不能兩個都保留嗎？」當然不行，一定要二選一，才能漸漸逼進自己的核心。記住，剔除的標準不在「好或不好」，否則最後只會留下與個人無關的理想特質；一定要對自己誠實。

透過這個步驟，你就能慢慢放下外在因素。就算是職稱、頭銜變了，你還是自己。毫不猶豫地做出取捨，就如同玩疊疊樂一樣，慢慢地抽走木棒，最後骨架倒下的瞬間，就會有所頓悟。這樣就能找出自己最鮮明的特色，知道沒有那一項，你就不是自己了。透過創作，藝術家不斷在洗滌這些雜質，以挖掘出真正的自己。

找到自己的基本特色，剔除許多不切實際的自我期待，心裡就會非常輕鬆。在社會角色的侷限下，我們總是先入為主地想呈現出理想中的樣子。每天我們都感到很痛苦，老是在與他人比較和競爭。退出不擅長的領域，把重心放在自己最突出的項目，找到個人專屬的生活模式，就能大幅提升工作表現。

在各大領域表現傑出的人士與企業，都極為了解自己的特色，例如星巴克雖然是咖啡廳，但它更重視自己的服務項目，也就是作為家庭與職場之外的「第三場所」。而任天堂的核心價值，就是要創造與家人一同歡樂的遊戲時光。

經營事業，就要找出獨一無二的價值。世界上有許多咖啡廳，但想要找個舒適的環境聊天或殺時間，首選就是星巴克。假如它太在意競爭對手，把心力花在鑽研咖啡的口味，或是選用不舒適的座椅以提高翻桌率，那它就會成為毫無特色的普通咖啡廳。因此，企業也要避免給自己添加許多不必要的期待。

人生的黑歷史是成長的資源

討論職涯時，我常跟學員說：「不要隱藏自己的黑歷史。」現在回想起來覺得很丟臉的過往事蹟，讓人覺得有「中二病」之處，也許就是你的特點所在。雖然一想起來覺得很難為情，更不想讓人知道，但這些往事藏有一些線索，可以讓你找到自己的與眾不同之處。

我以前也不太喜歡提及過往。小學時，我受到自家姊妹的影響，很喜歡看少女漫畫。同學看了我畫的圖，還嘲笑我是娘娘腔。有段時間我沉迷於時尚衣著，用現金卡買了一堆衣服，還把頭髮染成粉紅色（那時的照片我全都丟了）。我在大企業任職時，也曾自以為了不起，對下屬擺出一副高傲的姿態，導致那個專案以失敗收場。

近年來，「塑造個人品牌」的風潮興起，大家努力在呈現「理想中的自己」，對於過往的黑歷史卻避而不談。不過，好形象其實大同小異，於是我們漸漸失去自己的特點，與他人同化。

覺得不光彩而不想說出來的事情，其實可能隱藏無限的能量，讓你找到自己獨特的一面。

早期經驗對人生的發展很重要，而創業初期的各種經驗也很珍貴。當然，這過程會包含不少黑歷史，如果刻意視而不見，那這些慘痛的經歷就會變成你人生的陰影。而我如今能經營一間以女性客群為主的公司，是因為我願意面對過往被笑是「娘娘腔」的黑歷史。那是我人生重要的早期經驗，但它是黑是白，就全憑後續行動來決定。「黑色不吉利」，這只是某種文化觀點；換個角度看，它也代表神祕和尊貴。因此，對於我在大企業任職時的失敗經驗，我總是大方承認，所以許多業主才會來找我諮詢。其實我在創業初期也曾隱瞞那些挫敗的經歷，幸好我用正面的角度去處理，才找出它們的價值。如果一直隱瞞下去，那它們就真的只是黑歷史而已。

人生路上，我們總是一步步地克服磨難，那些軌跡非常珍貴，不要刻意遺忘。在那些黑歷史中有許多資源，你可以看到自己變化的歷程以及真實的模樣。蘋果電腦創辦人賈伯斯說過：「回顧過往時，你才能把那些點連成線。」每個點都是星星，連起來就成為專屬於你的星座，就算其中有幾顆比較黯淡，也不要忽視它們的存在。

5.

在藝術創作中，你就是自己的首要客戶？

想在個體時代存活下來，
就得找到自己真正的特色。

出現於畫作中的人物，就是畫家本人。

——達文西

從平成走向令和後，日本進入了個體時代。網路就像是自來水一樣，成為基礎的民生設施，無論是誰都能在社群網站上發文或在電商平台賣東西。

商業活動的規模縮小。國家及企業不再提供鐵飯碗，約聘人員越來越多，但其津貼越來越少。我跟許多同年齡層的人一樣，都得思考「人生再設計」的議題，於是心情更加不安，彷彿被社會背叛、安全網被撤走一樣。如今，工作方式變得多樣化，越來越多的人成為自由工作者。在個體時代，再也沒有豪華又舒適的郵輪可搭，每個人都得划著獨木舟，設法航向自己決定的目的地。

個體必須要獨立生活，除了自己，沒有可依靠的資源。在VUCA時代裡，無論是誰，都有一堆難以面對、處於灰色地帶的情況。專家與學者也無法提出明確的答案與解方。既然如此，那還不如自己做判斷比較輕鬆，這樣才能為自己的決定負責任，出了錯也不至於埋怨對方。

從歷史上來看，交通及通訊科技的進化，使人類的社交範圍不斷擴大。因此，我們得依靠法律、制度與社會共識，才能展開團體生活；於是個人的聲音變小了。「只要遵守遊戲規則，依著正確的道路前進，就可以安穩生活」，但這種時代早就過去了。

如今，乖乖地遵守社會規則，反而會更加害怕，因為不知何時會被人丟進大海。搭乘豪華郵輪的乘客，應該不會觀察洋流，也不會划船。如果郵輪發生意外，那也只能跟著船沉沒了。

「活出自我」，這句話說得輕鬆，但做起來卻不容易。社會規則難以撼動，但個人的聲音卻很微弱。我們終日惶惶不安，只想確認自己想的是正確答案。進入民主時代後，大眾擺脫了封建制度的種種約束，但罹患心理疾病的人也越來越多。所謂的個體時代，其實充滿著不安的氣氛。小說家朝井遼在《活著就是為了尋找死亡》一書中提到：

人類沒那麼堅強，無法靠著個人的標準來判斷一切。從另一方面來看，標準也會跟著時空條件而變。比起拿到第一名，我們現在更重視自己的獨特性。但是這麼一來，你就得放棄社會早已設定好的各種排名，而靠自己來決定價值。以前我們都依靠別人來評判自己，現在卻是自我貶抑，與人競爭的痛苦變成無止盡的悲傷。

在社會期待的壓力下，越來越難找回個人風格

「工作當然很無聊，那是接受別人委託才做的。創作比較有趣，因為你就是自己的客戶。」多媒體藝術家市原えつこ（Etsuko Ichihara）與八谷和彥對談時這麼說道。

既然自己就是客戶，那麼投入創作，就是為了把作品呈獻給自己。八谷先生也同意「接受別人委託的工作的確很無聊」。

但其實大部分的人每天在做的工作，都是受到別人的委託或要求。

樂天大學校長仲山進也在他的著作《加減乘除工作術》中提到，今後的工作方式

會有很大的變革，非常值得一讀。他寫道：

自由的反義詞就是被主宰。
自己提出理由去實行想做的事情，就是自由。
接受別人的命令與指示不得不去做，就是被主宰。

接受命令、為了考績、薪水或取悅他人而工作，都是出於外在因素。相對來說，藝術創作就自由很多。不過，自己所提出的理由是什麼呢？而「自己」又是由什麼組成的呢？

《語源由來辭典》是如此解釋的：

日語的自己為「自分」；而「分」的意思是本性，或指個人的能力。自古以來，「自分」跟「本分」都是用來指個人。

因此，那麼「本分」又是什麼意思呢？

一、本來該盡的義務，如「認清學生的本分」。

二、事物本來的性質。

這意思兩個合起來，「自分」指的就是「自己本有的義務跟個性」。

談到自我風格時，大家總以為，只要保持自己原來的樣子即可。其實我們大多不了解自己，對自己的看法總是混雜了他人的期待，所以與自己的本分無關。很多人以為自己有某些特質，但其實都是刻意表現出來的。

所謂的自我風格，就是個人特有的生活方式與態度，用英文來說就是unique。uni是單一的意思，所以這個字是指某種單一的現象，要說奇特、古怪也可以。而且，哪怕是「平凡無奇」，也算是一種特色。

每個人都有不一樣的地方，所以才有「自己」與「他人」的區分。現代人不斷強調自我風格，是因為大家都在扮演別人期待的樣子，還以為那就是自己：做個乖小孩、有主管的樣子、當個好媽媽、像個男人等。這樣一來，自我就會落入刻板的印象，個人的特色就會被稀釋，大家就變得越來越像。在學校或公司裡，看看周遭人的樣貌，是否覺得看到自己？每天穿著西裝定時來上班，其實你早就不是「自己」了。

不妨做個小練習，在一張紙下寫出自己的十個特徵。然後想想看，當中有哪幾項他人也有、而自己獨有的有哪些呢？

藝術家能創造獨一無二的作品，是因為他們總是在找尋自己獨特的一面。他們得擺脫他人的影響，以免不自覺地落入模仿或常見的大眾美學。我們前面提到，藝術家的首要客戶就是自己。他們得捨棄對自己不切實際的期待，不斷探索自己的特性與終極目標。

找回童年的真實自己

想回歸單純的自己，其實並不容易。為了融入社會，我們言行總得符合他人的期待。

人用語言來思考、溝通，但是語言的意義大多來自外界與他人。法國哲學家拉岡把人類所認知到的世界分為三種：「真實界」(le reel，或稱原始世界)、「想像界」(l'imaginaire，或稱形象世界)、「象徵界」(le symbolique，或稱符號世界)。

嬰兒剛出生時無法區分自己與世界的差別，因此活在真實界中。在這個未分化的狀態下，眼前的世界一片混沌，而自己的生命融入其中。

嬰兒與母親相處後，開始認知到對方的形象與自己不一樣。發展心理學家稱這個時期為「鏡像階段」；正如嬰兒透過鏡子才認知到自己的樣子。在形象世界中，孩子不再跟母親是一體。

接著，我們進入象徵界，開始學會用符號來認識世界，而主要的工具就是語言。在個人出生前，語言文字就存在於社會中，是一種約定成俗的規則。你不得不接受這項工具，否則就無法與其他人溝通，也無法思考與學習。這三種世界正可對應到藝術思考、設計思考與邏輯思考。

拉岡在哲學上屬於結構主義。一般人以為，經驗是透過語言直接表達出來。但事實上，經驗要透過語言文字統合後，才會表達出來。

今天我們都知道彩虹有七種顏色，但去問古代日本人的話，他們會回答五種。重點在於，描述的內容不同，認知到的現象就不同。古代人跟現代人看到的彩虹是一樣的，但因為他們沒有透鏡，所以只看到五種顏色。

愛斯基摩人生活在冰封世界，眼前不是全白就是全黑，但他們可以分辨數十種雪的顏色。日本人有「冰雹」、「雨雪交加」等詞彙。但在英語中，指稱雪的字只有snow。也就是說，某事物若沒有文字能描述，我們就不知道它是什麼。

在學習語言時，不可避免地要接受約定成俗的規則，披上社會化的外表。有時，我們沒有足夠的語言能力表達看法。就像看到某種顏色，卻找不到對應的詞彙。雖然文字的功能有限，但沒有它的話，人們就無法思考也無法表達。不光是我們自己，其他人也有這種煩惱，所以彼此交流時就會傳達不完整的訊息。

在真實界，嬰兒與母親尚未分離，對世界的理解也是懵懵懂懂。到了成長階段，孩子找到自己的形象，就與母體分離。到了學習階段，他便會用符號來理解世界，並找到自己的定位。

真實界中沒有語言、也沒有自我形象。長大後，我們無法回憶起那個世界的樣子。從精神分析的角度來看，到了象徵界，雖然我們能用符號來理解日常生活，但也會忽略難以理解的事物，因此離真實界越來越遠。就像我們起床後，就記不得夢的內容，也難以用言語描述，只有身體殘留著夢中的感覺。拉岡認為，沒有符號、也沒有形象的真實界就是這樣。

因此，其實我們也不是真的很了解自己。所謂的自我認同，常常是受到大眾文化及社會制度所影響，所以包含許多外在因素。正因如此，我們也會自我欺騙，將本性隱藏起來。

宛如原罪一樣，每個人都會背負各種外在期待，還自以為了解自己。透過藝術創作，就能像剝洋蔥一樣去除那些表象，回到那原始未分化的真實界。

在探索自我的過程中，藝術家會揭露自己的想法與情感。他們就像「礦坑裡的金絲雀」一樣，對環境極為敏感。他們心思細膩，卻能夠放下心防，讓外人了解自己最真實的一面。為了自我保護，人都會有一層層的掩飾以及外殼，但它們會變成阻礙，讓你看不清自己的本性，以致無法成長。

8.

藝術與玩樂是無益的？

迂迴前進、保留自由度，
工作才會變有趣

無論是下田耕作還是操作電腦，只要是被逼著得完成的工作，就令人開心不起來，唯有自由、趣味又充滿創意的工作，才會帶來快樂。——岡本太郎

藝術與玩樂有許多共通點。

小時候每個人應該都有被大人指責過：「不要只顧著玩，趕快念書！」工作之後，也會被前輩指教：「不要只顧著享樂，努力工作！」一般來說，玩樂與工作是兩回事，甚至可說是對立的。

但這個區別不適用於藝術家。他們在創作時，究竟是在工作，還是在玩樂呢？從工作的角度來說，藝術家創作應該是為了賺錢，所以不可以做出沒人要的作品，否則就只是在玩樂。不過，許多藝術家都在認真創作，就算作品沒有大賣，也是在工作。我覺得對藝術家而言，玩樂跟工作不是對立的活動，而是融合於生活中。

在「人生一〇〇年」的時代之中，我們要重新審視工作與玩樂的區別。這兩者在

哪些地方是相似的呢？我想那就是「沒效率」與「留白」。

遊戲就是用迂迴的方式達到終點

很多人都說，搞藝術或玩樂都是無益又沒效率的活動。正確來說，我們是刻意讓它們沒效率的。

以捉迷藏為例。遊戲開始時，當鬼的人會把眼睛閉起來，從一數到十，還會問大家：「躲好了嗎？」如果是真的鬼，才不會這麼好心。等大家都躲好之後，鬼才開始找人，真是體貼呢！

那捉迷藏的遊戲宗旨為何？鬼找到其他人之後，遊戲就結束了，重點在於找人。不過，當鬼的還要閉上眼睛，等大家躲好才開始找，這種遊戲沒有效率又浪費時間。但玩樂就是這樣，讓自己刻意去做一些吃力又不討好的事。

又以足球比賽為例，根據「越位規則」，進攻隊球員的移動位置是有所限制的。這樣等同於減低進球得分的機會。仔細想想，球賽許多規則都是在減弱運動員的效率。

但如果沒有這些規則，大家應該會覺得很無趣吧！正因為沒效率，遊戲的過程才有許多變化。

藝術創作也有異曲同工之妙。詩人總會用少見的語詞及文法來創作，所以讀者很難一下子了解其中的意涵。若要提高傳播的效率，詩人應該要用更明確的表現手法，但這樣反而無趣。

展覽時，館方總會在作品旁加上說明，內容雖然淺顯易懂，但並不有趣。因此，作品無法讓人一眼看懂，才會發人省思、覺得有趣。

因此，像玩樂與創作這樣的活動，就是要刻意設計成沒效率，這樣就能用它們來消磨休閒時光。但這不是它們唯一的目的，不然捉迷藏時當鬼的人應該數到一千，踢足球時規定球員要用走的。

不過，有些人覺得哪些只是消磨時間的活動，對人一點益處也沒有。事實上，這兩種活動都有明確的功用，但是享受其中的樂趣才是最重要的。正是因為它們沒效率又有許多設限，才能給人帶來樂趣。如果做什麼事情都只講求目的與成效，就會令人覺得乏味了。

留白才有自由的空間

除了規則，玩樂與創作都有留白的空間，讓參與者在一定範圍內可自由行動。規則太仔細的話，參與者就會失去自由，導致遊戲變得枯燥，變得像考試一樣。玩家有空間能自由活動，才有玩樂的意義與興致。

藝術家跟欣賞者也要懂得留白。有些人欣賞作品時，總喜歡揣摩作者的想法，但這樣還不如直接去看作者的訪談。所以我們在看展時，不妨保留一點模糊的空間，不要想明確地解釋藝術作品。這樣才能用玩樂的心情去品味藝術。

將工作玩出趣味

現代人習慣把工作與玩樂當成兩回事。在工廠模式中，玩樂是不被允許的，一切只講求效率。業主會制定完美的工作指南，員工一點自由與空白的空間都沒有。

這就像玩捉迷藏時，當鬼的人事先知道大家躲在哪裡，倒數一結束他就直接去抓人。這樣太無趣了，應該沒人想玩這種捉迷藏吧？

大家都知道，轉動方向盤就能改變輪胎的方向，但是方向盤設有一段「自由間隙」，轉動時沒有作動的效果。表面上看來，這是無益的設計，但沒有它的話，離合器就不能正常發揮作用，開車上路就非常危險。

在工廠模式中，玩樂被排除在外，工作變得很枯燥，員工就會失去熱情，只能憑耐心忍受上班時的壓力。

尤其在大企業，員工受到嚴格管理，每天都有開會不完的會，毫無玩樂的時間。

在缺乏藝術思考的環境下，工作時遇到有趣的事情，你也沒有辦法與同仁分享、激發創意。員工只能像機器人一樣，一個口令一個動作。在這樣的公司工作，很難讓人激發出有趣的想法。相反地，在自由度高的地方工作，員工總是充滿熱情，因為他們常會發掘有趣的事情，點子就跟著多了起來。

工作跟玩樂不是對立的，那是工廠模式的想法。藝術家一定要帶著玩樂的精神去創作。同樣地，將工作玩出樂趣，才能創造各種新價值與創意。

總結：找回工作的樂趣

看到這邊，讀者覺得如何，有比較了解藝術思考了嗎？你的疑惑是否消失了？還是比翻書前更加困惑呢？

本書有幾個關鍵字：真我、與眾不同、異質、未知、偏愛、違和感，它們都是藝術創作的核心。但長久以來，我們都受到工廠模式的價值觀所影響，所以在生活或工作上，就常會忽視那些要素。

在工廠模式的要求下，做人做事都不可以標新立異，只能按照計畫前進。但是，今日我們已經進入VUCA的個體時代，消費市場也已經飽和，凡事很難照計畫進行，也找不到所謂的正確解答。所以現代人要面對兩種痛苦。

首先，我們被既定的思考模式所限，凡事都要擬定計畫、找出正確答案。每個人各有特色，卻被硬塞入一樣的框架，突出來的部分被裁切掉。公司不能接受太有想法的人，工作環境嚴肅又沒有樂趣，員工的成就感就逐漸減少。

其次，現代人沒有安全感，害怕遭到背叛。為了進入制式化的工作體系，我們削足適履，扮演他人所期待的角色。即便如此，員工的未來沒有受到公司的保障，而且一旦被裁員，在外也無法生存。因為我們就像工廠製造的零件一樣，不在生產線上就沒有用處；而這樣的零件越來越多。為了符合公司的要求，我們百般忍耐，硬是把自己變成另一種人。但我們沒有因此獲得更好的待遇，反而更沒有價值和競爭力。

在兩種痛苦的折磨下，每個人心中都有一把無名火，對工作只有抱怨而已，根本就談不上有什麼玩樂的心情。上班的時間是枯燥乏味的，不可能是有趣的，只要忍過去就好了。

在龐大的壓力下，上班族的身體變得僵硬。每天都要擠公車、趕行程，內心有千百個不願意也要撐下去。反正大家也都忍下來了，於是公車上都是如行屍走肉一般的人。

但是生活總有希望。不如放下手機，下車看看不同的風景，也許會有所收穫，這就是跨向藝術思考的第一步。在前一站下車，走去看看新開的店家或不同的街景，就能種下啟蒙的種子。生活不只有擠公車、趕上班，還有許多面向等著你去探索。

藝術作品千變萬化，不受限於既定的規格，舞蹈、寫詩及歌曲也是。

撰寫此書時，我希望能放入一些詩意。浪漫的作品總是特別吸引人，充滿詩意的工作應該也是吧。

詩意（Poetic）源自希臘語的Poiesis，也就是製造、創作的意思。工作應該是創造性的活動，而不是奉命去處理事務。透過藝術思考，我們就能讓乏味工作充滿詩意，進而創造出全新、專屬於自己的作品。

這本書本來寫得比較嚴謹，具有完整的邏輯及體系。我一一介紹藝術思考的概念並描繪出它的結構。因此，本書有許多論點本來可以更清楚明瞭、更容易理解。但是，這樣寫出來的書很無聊，只是在講道理、讓讀者單向接收訊息而已。我覺得矛盾又困惑，要如何用理性的角度來撰寫藝術思考呢？

我花了一個半月寫了十二萬字的草稿。但深思後，為了引起讀者的共鳴，我決定打掉重練，以藝術思考的方式來重寫。

我捨棄體系、拆解結構，把內容全部打散，改寫成一篇篇的獨立短文，像洗牌一樣隨機排列順序。

我請就讀小學的女兒製作二十張卡片，從一標到二十，接著由她抽卡來決定順序。如此隨機編排目次，其實我內心有些不安，我怕讀者掌握不到重點，無法快速理解書中的內容。但出乎意料地，這樣的編排方式還蠻有趣的。

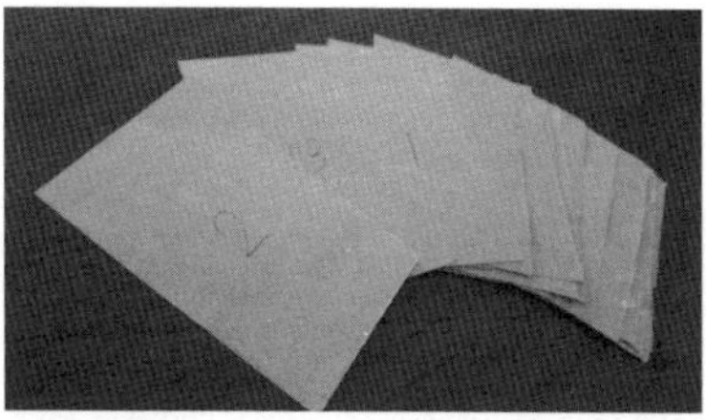

女兒親手寫下的卡片，從一標示到二十。

各章節開頭我還是標上了數字，以保留傳統的目次形式，讓讀者可以依次讀完。不過，讀者也可以依自己的興趣跳著讀，從個人的角度串起各個章節，也許它會變成另一本書！

另外，書中有準備幾道題目，它們沒有正確解答，所以讀者可以自由發揮想像力。這樣留白的設計，就是希望每個人都能寫出不一樣的答案！準備好紙跟筆，動手答題看看，應該可以體會藝術思考的趣味。

本書書名「令人腦洞大開的藝術思考法」乍看之下彷彿是工具書，但這本書並不會告訴各位答案。

看完此書後，你得到哪些啟發和驚喜？在今後漫長的人生當中，能創作出怎樣的作品，催生出怎樣的創意，只有你才知道；又或許連你自己也料想不到。

希望這本書能成為契機，讓充滿困惑的你勇於跳下擠滿人的通勤巴士，前去尋找自我。

就像是藝術家創作專屬於自己的作品，你也一定能開創出一番獨特的事業。

後記

我收到「實業之日本社」的編輯白戶翔先生來信，請我撰寫關於藝術思考的書籍。那是二〇一九年六月的事。

從二〇一七年開始，我就在試著結合藝術與商業議題。日本經濟新聞旗下有個網站名為COMEMO，我在上面發表許多跟藝術思考有關的文章。此外，我也邀請藝術家來舉辦座談會。那時我沒料到後來會重寫書稿，所以交稿時間不斷拖延，很感謝編輯的寬容。

起初我非常猶豫，因為我不認為藝術思考這個主題能寫成一本書。前面我也多次提到，藝術方面的各種問題其實沒有正確解答。假如讀者會誤以為這本書是教科書，從中可以找到藝術思考的方法，那就是大大的誤解了。甚至我還擔心，他們看完之後會更加貶低藝術的價值。

即使如此，最終我還是決定要出版本書。我覺得，此書一定對讀者有所啟發，讓他們解除困惑。雖然我沒有提出正解答案，但只要讀者保持實驗精神，一定能產生新穎的感受，因而更加了解藝術思考的精髓。

因此，我想寫出一本能挑戰讀者的書。

本書有兩個巧妙的設計，這是從兩位專家身上得到的啟發。

在閱讀本書的過程中，讀者就能體會到藝術思考的精髓。我寫作時，故意不採用嚴謹的編排方式，而是適時留白，加入一些有啟發性的小題目。會有這樣的編排，是因為我讀了同鄉友人玉樹真一郎的著作《「體驗設計」創意思考術》。

那本書跟遊戲設計有關，內容非常有趣，也令我備感衝擊。閱讀的時候，我忍不住跟著作者一同動腦，一篇接一篇，彷彿在玩遊戲。

我寫完初稿時，剛好讀到玉樹先生的書，頓時覺得如五雷轟頂一般。於我決定重寫書稿，好讓讀者體驗到藝術思考的魅力。畢竟，我明明是在講藝術思考，內容卻寫得有條有理，這是很矛盾的。

另一位恩人是負責本書裝幀設計的寄藤文平。我讀了其著作《如何做出淺顯易懂的設計？從畫作與對話中找尋靈感》（暫譯）後成為粉絲。於是我下定決心，無論如何都要拜託寄藤先生幫我設計書封。幸好他答應了我的請求。在與寄藤先生的討論中，我得到一個很棒的點子。

當時我很猶豫該如何取書名。剛才說過，我怕讀者會誤以為這本書有提供藝術思考的正確步驟。該不該將「藝術思考」這四個字放入書名，著實令我煩惱。

但寄藤先生說，就以教科書的形式來命名吧！他提了一個反方向的提案：「不如偽裝成常見的工具書。」

既然我的目的就是要「挑戰讀者」，所以不如讓封面看起來很正經，讓讀者以為能獲得正確答案而購買。在閱讀的過程中，讀者一步步陷入「疑問的沼澤」，最後才然後發現，本書沒有提供任何具體方法。這就是我精心設計的陷阱啦！「藝術思考法」聽起來很像正經的教科書，但閱讀後卻發現內容隨性又有趣，這種落差感一定會讓讀者感到印象深刻。

如果沒有兩位專家的啟發，本書應該會變得很死板吧！（編按：本書繁體版另請設計師發揮創意，重新設計裝幀，讀者可上網搜尋原文書封面的概念。）

除此之外，我與藝術家、學者交流後所獲得的啟發，也都放入書中；特別感謝能樂師安田登以及藤幡正樹、岡田猛兩位教授。我的朋友戲劇家藤原佳奈也跟我一起試著把藝術與商業結合在一起。她非常熱情，給了我許多珍貴的意見。

本書的出發點是我對藝術的崇高敬意。藝術帶給我許多啟發，豐富我的人生，我非常希望讀者能花更多時間接觸藝術。

在明治時期，教育家西周將liberal arts（博雅教育）翻成藝術，並把fine arts翻成美術。這些詞彙在概念上有些不同，討論起來很有趣，但蠻複雜的，有興趣的讀者請參考佐佐木健一先生的《美學入門》。總之，藝術的涵意很廣，從寫生、概念藝術到帶有批判性的行動藝術都算。

在藝術相關科目中，「美學」是最具人文色彩的，我從中學習到鑑賞藝術的原理，而它也是我的思考基礎。我相信，今後這門科目的重要性會越來越高，希望大家有機會能多多去了解。

最後我想說，我的人生總是走一步算一步，而能夠一直自在地做自己，都要歸功於家人與朋友的溫暖守護。

特別要感謝我的父母、太太與兩位女兒。不管我做什麼決定，父母總是會支持、容忍我。他們辛苦養育我長大，但我卻任性地不繼承家業。我行事風格很隨性，言談舉止也不大正經，年紀大一把了，卻還當起「數位遊民」，但太太和女兒不厭其煩地陪伴在我身邊，一日復一日，真是由衷感謝。

若宮和男　令和元年十月二十七日　寫於客廳

參考文獻

中文資料

- 艾弗列特（Daniel Everett）著，黃珮玲譯，《別睡，這裡有蛇！一個語言學家在亞馬遜叢林》，大家出版。
- 玉樹真一郎著，江宓蓁譯，《「體驗設計」創意思考術：「精靈寶可夢」為什麼會讓你忍不住想一直玩不停？前任天堂「Wii」企劃負責人不藏私分享如何用「直覺、驚奇、故事」打造最棒的體驗，成功抓住人心！》，平安文化。
- 仲山進也著，楊毓瑩譯，《加減乘除工作術：複業時代，開創自我價值能力的關鍵》，商周出版。

英文資料

- Takeshi Okada, Kentaro Ishibashi, Imitation, Inspiration,and Creation: Cognitive Process of Creative Drawing by Copying Others' Artworks (https://onlinelibrary.wiley.com/doi/full/10.1111/cogs.12442)

- Arthur C. Danto, *The Transfiguration of the Commonplace.*
- Arthur C. Danto, *What Art Is.*

日文資料

- 石黑千晶（玉川大學腦科學研究所）、岡田猛（東京大學），〈藝術教育能加強對於外界及他人的感受力：美術專科生與一般生的比較〉（芸術学習と外界や他者による触発——美術専攻・非専攻学生の比較——）。
- 高嶺格訪談，《美術手帖二〇一一年四月號》，美術出版社。
- 藤幡正樹，〈一切皆始於發現〉，「科學宇館準備室」網站（https://kagakuukan.org/jpn/texts/subete）。
- 宇川直宏訪談，〈當世界感染了藝術病毒，即是創新誕生之時」〉，WIRED AUDI INNOVATION AWARD 2016（https://wired.jp/series/wired-audi-innovation-award/12_

naohiro-ukawa/）。

- 大塚雅弘，〈想讓業務能力不斷提升，就要學習「藝術思考法」〉（https://www.hakuhodo.co.jp/archives/column/52500）。
- 系統與設計思維顧問公司 salt，〈「藝術思考」對於複雜社會的重要性〉（http://www.saltad.co.jp/artthinking/art-thinking/）。
- 西村真理子訪談，〈何謂藝術思考？當個乖寶寶，就無法有創新的做法；突破框架，才能適應充滿不確定性的時代〉（https://www.huffingtonpost.jp/2018/08/15/art-thinking_a_23502432/）。
- 〈融合藝術與商業來創造新契機：八谷和彥的工作方式與創作者的生存戰略〉（上集）（https: //advanced.massmedian.co.jp/article/detail/id=1522）。
- 佐佐木健一，《美學辭典》，東京大學出版會。
- 佐佐木健一，《美學入門》，中央公論新社。
- 安田登，《以身體感覺重新閱讀論語》（身体感覚で「論語」を読みなおす。——古代中国の文字から），新潮文庫。
•森田亞紀，《藝術中間被動語態——接受與創作的基礎》（芸術の中動態—受容／制作の基層），萌書房。
•安田登，《能劇為何能傳承六百五十年》（能—650年続いた仕掛けとは—），新潮新書。
•寄藤文平，《如何做出淺顯易懂的設計？從畫作與對話中找尋靈感》（絵と言葉の一研究「わかりやすい」デザインを考える），美術出版社。

Hello Design 71

令人腦洞大開的藝術思考法：活化創意，跳脫機械式思維，讓生活與工作升級

ハウ・トゥ アート・シンキング 閉塞感を打ち破る自分起点の思考法

作　者—若宮和男
譯　者—湯雅鈞
主　編—郭香君
責任編輯—許越智
責任企畫—張瑋之
美術設計—木木 Lin
內文排版—張瑜卿
編輯總監—蘇清霖
董 事 長—趙政岷
出 版 者—時報文化出版企業股份有限公司
一〇八〇一九臺北市和平西路三段二四〇號四樓
發行專線／（〇二）二三〇六—六八四二
讀者服務專線／〇八〇〇—二三一—七〇五・（〇二）二三〇四—七一〇三
讀者服務傳真／（〇二）二三〇四—六八五八
郵撥／一九三四—四七二四時報文化出版公司
信箱／一〇八九九臺北華江橋郵局第九九信箱
時報悅讀網—www.readingtimes.com.tw
綠活線臉書—https://www.facebook.com/readingtimesgreenlife/
法律顧問—理律法律事務所　陳長文律師、李念祖律師
印　刷—勁達印刷有限公司
初版一刷—二〇二二年六月二日
定　價—新台幣三五〇元

時報文化出版公司成立於一九七五年，並於一九九九年股票上櫃公開發行，於二〇〇八年脫離中時集團非屬旺中，以「尊重智慧與創意的文化事業」為信念。

令人腦洞大開的藝術思考法／若宮和男　著；湯雅鈞　譯.
--- 初版 --- 臺北市：時報文化出版企業股份有限公司，2022.06
面；12.8×18.8公分. ---（Hello design:71）
譯自：ハウ・トゥ アート・シンキング：閉塞感を打ち破る自分起点の思考法
ISBN 978-626-335-321-3（平裝）
1.CST：心理衛生　2.CST：思維方法　3.CST：創造力

494.1　　111005432

ISBN 978-626-335-321-3　Printed in Taiwan